Sirozhiddin Zoirov
Mohichehra Shajmardanova

Produção de monocálcio a partir de fosfatos centrais de areia vermelha

Sirozhiddin Zoirov
Mohichehra Shajmardanova

Produção de monocálcio a partir de fosfatos centrais de areia vermelha

Monografia

ScienciaScripts

Cover image: www.ingimage.com

This book is a translation from the original published under ISBN 978-620-8-11742-9.

Publisher:
Sciencia Scripts
is a trademark of
Dodo Books Indian Ocean Ltd. and OmniScriptum S.R.L publishing group

120 High Road, East Finchley, London, N2 9ED, United Kingdom
Str. Armeneasca 28/1, office 1, Chisinau MD-2012, Republic of Moldova, Europe
Printed at: see last page
ISBN: 978-620-8-26547-2

MINISTÉRIO DO ENSINO SUPERIOR, DA CIÊNCIA E DA INOVAÇÃO DA REPÚBLICA DO UZBEQUISTÃO
INSTITUTO TERMEZ DE ENGENHARIA E TECNOLOGIA

Zoirov Sirojiddin Sakhomiddin ugli,

DESENVOLVIMENTO DA TECNOLOGIA DE PRODUÇÃO DE FOSFATO MONOCÁLCICO E MONAKALIY COM BASE EM FOSFORITOS DO KYZYLKUMS CENTRAL

MONOGRAFIA.

Termez-2024

ÍNDICE DE CONTEÚDOS

INTRODUÇÃO

Atualmente, devido ao rápido crescimento da população mundial, com a redução das terras aráveis e irrigadas, o abastecimento da população com alimentos e água potável torna-se cada vez mais premente. Apesar dos enormes progressos registados na agricultura e na pecuária, este problema continua por resolver no início do século XXI. Uma das formas mais eficazes de resolver este problema é aumentar ainda mais o rendimento das culturas e a produtividade da criação de gado, aves e peixes. Neste contexto, o fornecimento ao complexo agroindustrial de variedades altamente eficazes de culturas de cereais, fertilizantes minerais e organominerais, a introdução de tecnologias agrotécnicas e agroquímicas avançadas, a aplicação de aditivos minerais para forragens e forragens mistas adquirem importância atual, entre as quais o fosfato monocálcico e o fosfato monocálcico de pureza forrageira ocupam um lugar especial.

No mundo, praticamente em todos os países desenvolvidos, há uma tendência para aumentar a produção e a gama de adubos de potássio e NPK sem cloro, fosfatos de cálcio para alimentação animal. Para fornecer à agricultura potássio isento de cloro e, com base nele, adubos NPK isentos de cloro e totalmente solúveis em água para irrigação por gotejamento e alimentação foliar de plantas, criação de animais em fosfatos de cálcio de pureza forrageira, é necessário justificar uma série de soluções: desenvolvimento de métodos eficazes de obtenção de adubos de potássio sem cloro e de fosfato monocálcico de pureza forrageira; estudo do teor de flúor e de outras impurezas durante a concentração de ácido fosfórico de extração dessulfurado e dessulfurado (EPA) a partir de fosforitos de Central Kyzylkum (CK); estabelecimento de parâmetros tecnológicos óptimos do processo de conversão de fosfato monossódico e cloreto de potássio.

O Uzbequistão alcançou grande sucesso na implementação de desenvolvimentos inovadores por cientistas na produção de fertilizantes fosfatados simples e complexos e sais de ácido fosfórico a partir de rocha fosfática. [1]A terceira direção da estratégia de desenvolvimento da República do Usbequistão para 2022-2026 assinala tarefas importantes destinadas a "... continuar a aplicação da política industrial destinada a assegurar a estabilidade da economia nacional, aumentar a parte da indústria no produto interno bruto e aumentar o volume da produção industrial em 1,4 vezes" . A este respeito, é muito importante o desenvolvimento de tecnologias para a produção de produtos que substituam as importações e sejam orientados para a exportação, tais como minerais, aditivos alimentares, fosfato monocálcico com base em EPC a partir de rocha fosfática e adubos de potássio sem cloro - fosfato monocálcico com base em cloreto de potássio de flotação produzido pela JSC "Dehkanabad Potash Plant".

Esta investigação de dissertação serve, em certa medida, para cumprir as tarefas estipuladas no Decreto do Presidente da República do Uzbequistão n.º UP-60, de 28 de janeiro de 2022, "Sobre a Estratégia de Desenvolvimento do Novo Uzbequistão para 2022-2026" e nas Resoluções do Presidente da República do Uzbequistão n.º PP-4265, de 3 de abril de 2019, "Sobre medidas para novas reformas e aumento da atratividade do investimento da indústria química", PP-4937 de 28 de dezembro de 2020 "Sobre as medidas de execução do programa de investimento da República do Usbequistão para 2021-2023", PP-4992 de 13 de fevereiro de 2021 "Sobre as medidas para a continuação da reforma e a reabilitação financeira das empresas da indústria química, o desenvolvimento da produção de produtos químicos com elevado valor acrescentado" e PP-4005 de 6 de novembro de 2018 "Sobre medidas adicionais para o desenvolvimento da indústria da piscicultura", bem como outros documentos regulamentares e jurídicos adoptados neste domínio.

Esta investigação foi realizada de acordo com a direção prioritária do desenvolvimento científico e tecnológico da República da VII - "Tecnologias químicas e nanotecnologias".

As tecnologias desenvolvidas de purificação de EFC de compostos de flúor por precipitação sob a forma de silicofluoretos de metais alcalinos não são aceitáveis para fosforitos CK devido ao baixo teor de compostos de silício solúveis em ácido.

As soluções técnicas de produção de fosfato monocálcico reduzem-se à decomposição de fosforitos com EPC inicial ou evaporado para obter superfosfato duplo, cujo principal componente é o fosfato monocálcico e que contém até 4% de flúor e até 15% de outras impurezas.

Os desenvolvimentos no domínio da produção de fosfato monocálcico - adubo de potássio sem cloro, incluem principalmente a neutralização de TPC ou EPC com compostos de potássio, como a potassa ou o cloreto de potássio. Por conseguinte, são necessárias novas soluções técnicas com base científica para a produção de fosfatos monocálcicos e monocálcicos a partir de matérias-primas locais, aceitáveis para a República.

CAPÍTULO I. ESTADO DA INVESTIGAÇÃO DOS PROCESSOS DE PRODUÇÃO DE FOSFATOS MONOCÁLCICOS E MONOCÁLCICOS

§ 1.1. Aplicações, procura, escala de produção de fosfatos de cálcio e de potássio.

§ 1.1.1 Aplicações do fosfato de cálcio, procura, escala de produção.

Juntamente com o carbono, o hidrogénio e o oxigénio, o fósforo e os seus compostos desempenham um papel importante na atividade vital de todos os organismos vivos e da vida vegetal. O fósforo ocupa um lugar especial entre os elementos químicos. Faz parte de muitos minerais, principalmente dos fosfatos de cálcio. Na natureza viva, forma compostos organofosforados, que servem como portadores de reacções de alta energia que asseguram a atividade vital dos organismos vivos. O papel do fósforo na natureza viva é único. Há substitutos para o carvão, o petróleo ou o ferro, mas não há substituto para o fósforo.

O fósforo é o componente mais importante das rações alimentares dos animais de criação, das aves de capoeira e dos peixes. Faz parte dos ácidos nucleicos, fosfatos, fosfoproteínas e outros compostos, e é um componente necessário para a construção do tecido ósseo. A deficiência de fósforo nas dietas dos animais de criação reduz a produtividade da carne e do leite, conduz a doenças ósseas e a uma reprodução deficiente. Para eliminar a deficiência de fósforo no organismo dos animais, são utilizados aditivos minerais para alimentação animal, que são introduzidos para melhorar a qualidade das rações alimentares. A gama mundial de aditivos minerais básicos para a alimentação animal inclui mais de 10 nomes. Os alimentos minerais para animais que contêm fósforo, à base de fosfatos de cálcio, sódio, amónio e outros componentes químicos, são amplamente utilizados na criação de gado, aves de capoeira e peixes.

Os fosfatos de cálcio são os mais valiosos. Nos alimentos para animais em que existe uma quantidade significativa de cálcio e não há fósforo suficiente, são utilizados aditivos de fósforo e sódio. Os compostos que não contêm azoto proteico - fosfatos de amónio - são utilizados para compensar a deficiência proteica nas dietas de bovinos e ovinos.

O fósforo e o cálcio estão envolvidos nos processos metabólicos do organismo e provocam uma elevada eficiência dos suplementos minerais para a alimentação animal. A qualidade dos fosfatos de cálcio para alimentação animal é avaliada pelo teor de formas assimiláveis de nutrientes com uma concentração mínima de impurezas nocivas, como o flúor, o arsénio de chumbo, o cádmio e o mercúrio. A assimilabilidade biológica do fósforo dos fosfatos de cálcio para alimentação animal - fosfato monocálcico, fosfato dicálcico e fosfato tricálcico - não é inferior a 80%.

Atualmente, o consumo mundial de fosfatos de cálcio para alimentação animal é superior a seis milhões de toneladas por ano e continua a aumentar anualmente. Os fosfatos de cálcio são produzidos sob a forma de pó e de granulado, e a quota de produtos granulados está a aumentar constantemente, tendo já ultrapassado os 70%. Este facto deve-se à sua utilização na produção de pré-misturas e alimentos compostos para animais.

A procura de aditivos para alimentação animal no Usbequistão (fosfatos de amónio, cálcio, sódio, etc.) excede mais de 100 mil toneladas por ano e continua a aumentar.

O aumento da procura de fosfatos de minerais para alimentação animal deve-se à rejeição generalizada de aditivos para alimentação animal mais baratos derivados da farinha de ossos devido ao risco de contaminação com a doença das vacas loucas. O risco deste vírus levou a um aumento imprevisível da procura de fosfatos para alimentação animal a partir de matérias-primas minerais.

O crescimento médio anual do consumo mundial de fosfatos para alimentação animal é de 6%, o que é cerca de 2,5 vezes superior ao dos fertilizantes à base de fosfato. As Américas consomem a maior parte dos fosfatos para alimentação animal com 50%, a Ásia com 18%, a Europa Ocidental com 21% e a Europa Central e Oriental com apenas 9%. O maior crescimento médio anual do consumo de fosfatos para alimentação animal regista-se na América Latina (Brasil +14%) e na Ásia (China +10%). Prevê-se também que o consumo de fosfatos para alimentação animal cresça na Ásia Central. Deve notar-se aqui que o maior produtor de fosfatos para alimentação animal na Ásia, Lomon (China), que tem uma vasta gama de produtos e produz até 600 000 toneladas de fosfatos de cálcio para alimentação animal por ano, está totalmente concentrado no mercado interno. Os produtores brasileiros de fosfatos para alimentação animal também vendem os seus produtos quase exclusivamente no mercado interno.

O ácido fosfórico e os seus sais são amplamente utilizados na produção de fertilizantes minerais, na indústria alimentar, na medicina, na indústria farmacêutica, na eletrónica, na indústria química, na indústria têxtil, na indústria do vidro, na indústria aeronáutica e na indústria de construção de máquinas. A maior parte das matérias-primas fosfatadas é utilizada na produção de fertilizantes minerais (cerca de 80%), 12% na produção de detergentes, 5% na produção de fosfatos para alimentação animal e 3% na produção de produtos para fins especiais.

Os sais de fósforo de cálcio puros são utilizados na indústria alimentar, no sistema de fermento em pó, na medicina e na indústria de perfumes. São utilizados no fabrico de tecido ósseo em medicina dentária e como enchimento na produção de pastas de dentes.

O componente mais importante das rações alimentares de gado, aves de capoeira e peixes é o cálcio e o fósforo. A este respeito, os fosfatos de cálcio são alimentos minerais universais para animais de criação de todos os tipos em caso de deficiência de fósforo e cálcio nas dietas.

Os métodos industriais modernos de produção animal caracterizam-se pela ampla utilização de aditivos minerais para a alimentação animal, que ajudam a aumentar a produtividade e a segurança dos animais e a reduzir os custos da alimentação.

O fosfato monocálcico (peso molecular 252) é um sal de cálcio de substituição simples do ácido ortofosfórico. $_{24225242225}$O fosfato monocálcico puro na forma anidra Ca(H RO) contém 60,65% P O e 23,96% CaO, e o monohidrato Ca(H RO) ·H O - 56,31% P O e 22,25% CaO. $_{25}$De acordo com o GOST 23999-80, o fosfato monocálcico forrageiro de 1° e 2° graus deve conter, respetivamente, não menos que 55 e 50% de P O solúvel em solução de ácido clorídrico a 0,4%. O produto de ambas as qualidades não deve conter mais de 18% de cálcio, 0,2% de fluoreto, 0,006% de arsénico, 0,002% de chumbo, 4,0% de água; o pH da solução aquosa 0,01 M deve ser pelo menos 3 [25; 272 p]. Os fosfatos mono e bicálcicos dissolvem-se na água de forma incongruente. A sua dissolução em água é acompanhada de uma reação:

$_{2422243}$Ca(H RO) ·H O + H O → CaNRO + H RO$_4$

Na presença de água em excesso, o fosfato monocálcico dissocia-se, formando fosfato dicálcico e ácido fosfórico livre.

§ 1.1.2 Aplicações, procura, escala de produção de fosfato de potássio

Nos últimos anos, o problema do abastecimento de alimentos e de água potável à população mundial tornou-se cada vez mais premente. Apesar das enormes realizações no domínio da agricultura e da pecuária, no início do século XXI, o abastecimento alimentar da população do planeta continua a ser insatisfatório devido às rápidas taxas de crescimento demográfico, à redução das terras aráveis e irrigadas e ao aumento acentuado do custo das fontes de energia e dos combustíveis.

Segundo a ONU, a população mundial ultrapassará os 9 mil milhões de pessoas em 2050, enquanto atualmente mais de mil milhões de pessoas não recebem a quantidade mínima de alimentos e metade delas sofrem de subnutrição crónica, mais de 20% não dispõem de fontes de água potável. Este facto deve-se à redução drástica das terras destinadas à produção de cereais. Assim, desde meados dos anos noventa, a superfície mundial diminuiu para metade, passando de 0,24 para 0,12 hectares per capita. Em 2050, de acordo com a ONU, diminuirá para 0,08 hectares per capita. Neste contexto, existe um grave problema de abastecimento alimentar da humanidade. Este problema também afecta o Uzbequistão.

A secagem do Mar de Aral e a falta de água doce causaram graves prejuízos à agricultura da República. Devido ao défice de recursos hídricos, a terra arável irrigada per capita diminuiu de 0,22 ha para 0,13 ha. O Presidente e o Governo do país prestam grande atenção à recuperação das terras aráveis e irrigadas, ao desenvolvimento das zonas de sequeiro, à aplicação de tecnologias agrotécnicas e agroquímicas avançadas e que poupam água, à intensificação da produção agrícola através do aumento dos rendimentos graças à criação de novas variedades de elevado rendimento, à utilização da irrigação por gotejamento e à alimentação foliar das plantas.

O complexo agroquímico é um componente-chave da economia do nosso país, para cuja intensificação um dos factores importantes é, em primeiro lugar, a ampla aplicação e utilização eficaz de fertilizantes minerais e organominerais, microelementos, estimulantes do crescimento e desenvolvimento das plantas, meios biológicos de proteção das plantas, tecnologias modernas de cultivo.

A introdução de tecnologias modernas e avançadas para o cultivo de culturas de interior e a utilização da irrigação gota a gota impõem requisitos mais rigorosos à gama e à qualidade dos adubos minerais: ausência de cloro na composição, solubilidade completa em água, teor dos principais macronutrientes - NPK em várias proporções. Um dos tipos de fertilizantes complexos RK e o principal componente dos fertilizantes NPK solúveis em água e sem cloro é o dihidrofosfato de potássio, que é adequado para utilização em qualquer solo e em qualquer proporção com fertilizantes de azoto e fósforo.

No entanto, atualmente, o di-hidrofosfato de potássio como adubo mineral não é praticamente produzido para consumo generalizado, devido à base limitada de matérias-primas e à falta de tecnologias desenvolvidas e aceitáveis para a sua produção. Por conseguinte, pertence aos produtos caros e escassos.

O potássio é um dos três elementos básicos da nutrição das plantas e pertence aos macronutrientes. A sua carência no solo conduz a uma redução significativa dos rendimentos e a várias doenças.

$_2$Durante muitos anos, foram aplicados 75 kg de cloreto de potássio em termos de K O nas culturas de algodão, a principal cultura da República, de acordo com as recomendações dos agroquímicos. Esta taxa foi subestimada em 1,5-2 vezes. Como resultado, devido à falta de potássio, à sua remoção com a cultura, à lavagem anual de solos salinos, as terras aráveis ficaram sem potássio. Isto levou a uma diminuição acentuada do rendimento do algodão em bruto, da qualidade das fibras e da eficiência dos fertilizantes de azoto e fósforo. Com a aplicação correta de fertilizantes NRC, o rendimento em solos não salinos aumenta em 1,9-3,0 c/ha, em solos salinos em 2,5-7,0 c/ha. Este facto confirma a necessidade de aumentar as taxas de aplicação de fertilizantes potássicos, o que levou a um aumento da procura de fertilizantes potássicos, especialmente de fertilizantes sem cloro.

O cloreto de potássio é o principal adubo potássico do mundo. É produzido por métodos de flotação e halúrgicos, sob a forma de pó e de grânulos. A presença de um elevado teor de cloro na sua composição limita a sua utilização em culturas em que o cloro tem um forte efeito negativo.

Os fertilizantes potássicos sem cloro são particularmente valiosos para as batatas, beterrabas, girassóis, uvas e outras culturas. Têm um efeito muito mais eficaz no rendimento e na qualidade dos produtos agrícolas se forem utilizados em combinação com azoto, fósforo e fertilizantes orgânicos.

A procura de adubos potássicos sem cloro aumentou acentuadamente com o desenvolvimento das estufas, da hidroponia, da irrigação por gotejamento e da alimentação foliar das plantas no cultivo de produtos hortícolas, frutas, uvas e outras culturas como adubos potássicos totalmente solúveis em água e sem cloro. Entre os adubos sem cloro, os fosfatos e o sulfato de potássio são muito procurados como principais componentes dos adubos complexos NPK.

$_{24}^{3}$O fosfato de potássio monossubstituído KH PO ou dihidrofosfato de potássio é um cristal incolor e inodoro, com peso molecular 136,06 g/mol, densidade 1380 g/cm, ponto de fusão 230-250°C. O dihidrofosfato de potássio dissolve-se bem em água sem decomposição. A 25°C, a solubilidade do sal puro, de acordo com vários autores, é de 19,92-20,09%.

$_{25}$ $_{2}$O fosfato monokaliy é um adubo composto totalmente solúvel em água, sem cloro e sem lastro, constituído por dois nutrientes essenciais para as plantas e contém 52,16% de P O e 34,60% de K O. É utilizado em todos os tipos de culturas e em vários tipos de solos como adubo mineral de fósforo e potássio. O fosfato monocálcico é também utilizado nos adubos NPK como componente principal. A boa solubilidade permite fornecer nutrientes diretamente ao sistema radicular sob a forma de soluções aquosas. Isto poupa não só recursos hídricos, mas também aumenta a taxa de utilização dos nutrientes.

Os adubos potássicos sem cloro são particularmente valiosos para as batatas, beterrabas, girassóis, uvas e outras culturas. Têm um efeito muito mais eficaz no rendimento e na qualidade dos produtos agrícolas se forem utilizados em combinação com azoto, fósforo e fertilizantes orgânicos.

A procura de adubos de potássio sem cloro no país é superior a 20 000 toneladas por ano. Para além do mercado interno, existe uma forte procura de fosfatos de potássio sem cloro no mercado externo.

Os compostos de potássio são também amplamente utilizados noutras indústrias, como a metalurgia ferrosa e não ferrosa, os têxteis, o vidro, os produtos farmacêuticos, a pasta de papel e o papel. Na indústria alimentar, como agente antioxidante e bactericida, em fermentos para panificação, em leite em pó e natas como estabilizador, juntamente com outros aditivos na produção de queijo. São adicionados a refrigerantes para desportistas, em produtos lácteos (gelados, leite condensado), sobremesas, molhos, sopas, xaropes, em produtos lácteos. São um dos componentes de detergentes (champôs, sabonetes), medicamentos, adubos valiosos à base de fósforo e potássio. Apesar disso, apenas 5-6% da produção é utilizada noutras indústrias.

$_{2}$De 2012 a 2015, a produção de fertilizantes à base de potássio aumentou de 29,1 milhões de toneladas para 31,5 milhões de toneladas de K O, ou seja, 4,2 %. $_{2}$Até 2019, a sua produção aumentou, em comparação com 2014, em 9 milhões de toneladas de K O ou 21 %. A produção de adubos à base de potássio está a aumentar não só devido ao aumento da capacidade de produção, mas também devido à entrada em funcionamento de novas instalações de produção.

A necessidade de aumentar a produção de sais de fosfato de potássio é determinada não só pelo aumento da procura de fertilizantes minerais por parte dos consumidores tradicionais, mas também pela expansão das suas áreas de aplicação.

§ 1.2. Métodos actuais de produção de fosfato de cálcio

A obtenção de fosfatos de cálcio para alimentação animal pode ser dividida nos seguintes grupos:

- Calcinação hidrotérmica de fosfatos naturais e defluoração térmica de superfosfato duplo.
- Interação de calcário finamente dividido, giz ou fosfato dicálcico di-hidratado com ácido fosfórico térmico ou ácido fosfórico de extração purificado.
- Conversão de fosfato de amónio por nitrato de cálcio.

As tecnologias de alimentação de fosfatos são divididas por métodos de decomposição de matérias-primas fosfatadas (azoto, enxofre, ácido clorídrico), processo de retorção (retorção, não retorção), térmico, por componente utilizado para precipitação (leite de cal, suspensão de giz ou calcário, cal viva).

O superfosfato duplo é um adubo fosfatado concentrado, cujo principal componente é o fosfato monocálcico. O superfosfato duplo é obtido através do tratamento de fosfatos naturais com ácido fosfórico concentrado.

A presença de uma grande quantidade de flúor (até 3% ou mais) na composição do superfosfato duplo não permite a sua utilização como aditivo alimentar. Para obter um produto para alimentação animal, o superfosfato duplo é sujeito a desfluoração por tratamento térmico a uma temperatura de 150-180°C. Esta é a forma mais económica de obter fosfato monocálcico para alimentação animal. No entanto, é praticamente impossível obter sais de fosfato de cálcio mais puros a partir deste produto.

Os sais de fósforo de qualidade superior obtêm-se por neutralização do ácido fosfórico térmico profundamente purificado para os graus correspondentes "h", "cda", "hh" por carbonatos ou hidróxidos de metais adequados. A química do fosfato monocálcico, do fosfato dicálcico e das suas misturas pode ser representada pelas seguintes equações de reação

$$CaCO_3 + 2H_3PO_4 \rightarrow Ca(H_2PO_4)_2 \cdot H_2O + CO_2$$

$$CaCO_3 + H_3PO_4 \rightarrow CaHPO_4 + CO_2 + H_2O$$
$$CaCO_3 + H_3PO_4 + H_2O \rightarrow CaHPO_4 \cdot 2H_2O + H_2O$$
$$Ca(H_2PO_4)_2 \cdot H_2O + H_2O \leftrightarrow CaHPO_4 + H_3PO_4 + H_2O$$
$$Ca(H_2PO_4)_2 \cdot H_2O + CaCO_3 \rightarrow 2CaHPO_4 + CO_2 + 2H_2O$$

Uma outra forma de obter fosfatos de cálcio mais puros envolve a interação de fosfato dicálcico di-hidratado com ácido fosfórico purificado. O processo de produção de fosfato monocálcico é descrito pela seguinte equação:

$$CaNRO_4 \cdot 2H_2O + H_3PO_4 \rightarrow Ca(H_2PO_4)_2 \cdot H_2O + H_2O$$

Dependendo da taxa de ácido fosfórico, pode obter-se uma mistura de fosfato monocálcico e fosfato dicálcico com diferentes proporções.

Nos últimos anos, foram realizados trabalhos de investigação sobre a obtenção de fosfatos de cálcio mais puros a partir de EPC, cuja essência consiste na purificação do ácido de flúor, sulfatos, ferro, alumínio e outras impurezas interferentes através da introdução de metais alcalinos, neutralização parcial com amoníaco na presença de sais de cálcio, separação de compostos precipitados e extração de fosfato dicálcico.

Até há pouco tempo, praticamente o único método comprovado e tecnologicamente realizado de transformação de matérias-primas fosfatadas em fosfatos de alimentação era o processo hidrotérmico de calcinação a alta temperatura de fosfatos naturais. A desfluoração das matérias-primas fosfatadas é efectuada a uma temperatura de 1400-1450°C em fornos rotativos com pequenas adições de SiO_2 ou EFK. O papel decisivo neste processo é desempenhado pelo vapor de água, que provoca a transição da fluorapatite para a hidroxiapatite com a libertação de compostos de flúor na fase gasosa. A hidroxiapatite, sob a ação de altas temperaturas, decompõe-se em fosfato tricálcico e fosfato tetracálcico. Este método está associado a elevados custos energéticos e produz um produto de baixa qualidade contendo 36-38% de P_2O_5.

Outras desvantagens deste processo são as condições sanitárias difíceis, a conceção complicada dos aparelhos e a baixa taxa de utilização do equipamento. Os fosfatos de cálcio de alimentação mais concentrados (fosfato monocálcico e fosfato dicálcico) são produzidos apenas a partir de matérias-primas fosfatadas de alta qualidade - concentrado de apatite, ou utilizando ácido fosfórico eletrotérmico, caro e escasso.

O ácido superfosfórico (65-70% P_2O_5) é diluído para 40-55% P_2O_5, mantido a 20-100°C para hidrólise e misturado com um reagente não tóxico contendo CaO. O fosfato dicálcico é preparado como um pó seco por interação do ácido fosfórico com a cal. Quando o ácido fosfórico

(50% H RO) interage com a cal para formar um pó seco com fluidez. $_{3}$A reação é realizada em várias fases sucessivas e, em alguns casos, substituindo parte da cal por CaCO .

O método de obtenção de fosfato de cálcio para alimentação animal inclui a decomposição da matéria-prima fosfatada por excesso de ácido fosfórico a temperatura elevada, a desfluorização da massa obtida e a neutralização com um reagente contendo cálcio facilmente degradável [67; C. 79-86]. $_{34}$A decomposição é efectuada a 80-120°C e, antes da dessulfuração e da neutralização, a massa obtida é filtrada e o filtrado é reenviado para a fase de decomposição, a fim de obter um total de H RO de 250-400% da estequiometria.

$^{+}_{25}$Para obter ortofosfatos de cálcio ácidos primários e secundários, procede-se à neutralização de 10-40% do primeiro ião H do ácido fosfórico (que contém 40-55% de P O e ≤0,3% de F) com fosfato a 90-130°C. A pasta resultante é tratada com carbonato, óxido ou hidróxido de cálcio a 50-100°C para obter uma solução aquosa com um pH de 3-6 e o produto resultante é seco a 80-150°C.

De acordo com outro método de tratamento de giz moído ou calcário é realizado com ácido fosfórico concentrado e na mistura resultante é introduzida adicionalmente uma suspensão aquosa de fosfato dicálcico com uma concentração de 350-850 g / l a uma temperatura de 45-90 ° C.

Para aumentar a produtividade da pecuária, da avicultura e da piscicultura, os fosfatos de cálcio são utilizados como alimentos minerais para animais, tanto de forma autónoma, adicionados às rações, como como parte de bioalimentos. Os fosfatos de cálcio - fosfato monocálcico, fosfato dicálcico, fosfato tricálcico - contêm elementos importantes como o fósforo e o cálcio.

As vantagens dos fosfatos de cálcio, em comparação com a farinha de ossos e os alimentos à base de plantas, são determinadas por propriedades químicas, físicas e biológicas. Os critérios de qualidade são:

- elevada digestibilidade biológica do produto;
- teor estável de nutrientes;
- níveis extremamente baixos de metais pesados e de fluoreto;
- distribuição do tamanho das partículas.

Até ao final do século XX, foram utilizadas grandes quantidades de fosfatos desfluorados, farinha de ossos, precipitado forrageiro e fosfatos mono e dinatriais como fertilizantes minerais nos países da CEI.

A farinha de ossos foi praticamente abandonada devido ao seu elevado custo e composição instável, à baixa digestibilidade do fósforo na alimentação de suínos e aves de capoeira e a possíveis doenças graves dos animais. A produção de fosfatos desfluorados foi interrompida devido ao elevado custo dos vectores de energia, o fosfato dicálcico na SE "Prikaspinsky Mining and Metallurgical Combine" em Shevchenko, no Cazaquistão, devido à falta de matérias-primas de apatite. 25A única unidade de produção de precipitado forrageiro em atividade na Rússia, a JSC "Meleuzovskie Mineralniye Fertilizers", produz produtos a partir de apatite evaporada EFC (52% P O) e de calcário, utilizando uma tecnologia especial e fechada para purificar o produto de impurezas indesejáveis.

Desde 2000, a NIUIF tem trabalhado na melhoria da tecnologia de fosfatos de alimentação - fosfato monocálcico, fosfato monodicálcico, fosfato dicálcico - com a utilização de EFC pré-purificado a partir de flúor evaporado. A remoção do flúor do ácido é efectuada no processo da sua concentração por fogo ou evaporação no vácuo. O giz ou o calcário são utilizados como matérias-primas que contêm cálcio. O deslocamento dos reagentes, a neutralização do ácido e a granulação são efectuados em misturadores de pás turbo, misturadores de tipo arado ou em granuladores rotativos com bocal interno.

Como resultado de um conjunto de estudos físico-químicos e tecnológicos, foi desenvolvido um método de obtenção de fosfato de cálcio alimentar sob a forma de granulado, incluindo a desfluoração profunda do ácido fosfórico com a adição de óxido de silício ativo na quantidade de 5 kg/t de ácido, a mistura de giz com EFC purificado e a granulação num misturador de alta velocidade TLG-009. As principais etapas tecnológicas (mistura de reagentes, granulação e secagem) foram estudadas e os parâmetros óptimos do regime tecnológico foram comprovados.

Outro método inclui a mistura de EFC com componente contendo cálcio na presença de retorta, granulação e secagem do produto. 25Utiliza-se o EFC com um teor de 62-65% de P O, o carbonato de cálcio ou a sua mistura com cal como matéria-prima contendo cálcio e o processo é efectuado a uma retorta 1:(0,3-0,5). ºEm seguida, a fase de mistura é combinada com a granulação num misturador de alta velocidade com a adição de água a um teor de humidade de 9,5-13% e a secagem é realizada a uma temperatura de 105-115 C.

ºExiste um método conhecido de produção de fosfatos de cálcio para alimentação animal, que inclui a decomposição do fosfato tricálcico

EPC e a secagem do produto a uma temperatura de 110-150 C. 25ЭФК25КФ °°A EPC é pré-tratada com fosfato tricálcico ou outro componente de dessalinização, o precipitado é separado e o ácido é tomado na quantidade necessária para atingir a relação P O :P O = 1:(0,5-2,0), o processo é realizado a um teor de humidade de 30-50%, a uma temperatura de 60-100 C e peletizado a 60-120 C.

Foi desenvolvida uma tecnologia de poupança de recursos para a produção de fosfato de cálcio desfluorado para alimentação animal através da otimização do processo, que aumenta a eficiência da crivagem ao provocar um fenómeno de segregação na superfície do peneiro.

Nos últimos anos, generalizaram-se os métodos de produção de fosfato monocálcico por métodos de circulação em fase líquida. 25A essência do método consiste na decomposição da matéria-prima fosfatada por um excesso de 3-5 vezes de ácido fosfórico concentrado a 40-65% em P O a temperaturas de 60-90°C, na cristalização do fosfato monocálcico durante o arrefecimento e na separação do licor-mãe. A vantagem do método cíclico é a possibilidade de obter fosfato monocálcico praticamente a partir de qualquer tipo de matéria-prima fosfática.

252252Nos trabalhos com utilização de diagramas de solubilidade nos sistemas CaO-P O -H O e CaO-P O -HCl-H O foram efectuados cálculos gráficos do processo de receção de fosfato monocálcico monohidratado em condições de reciclagem do licor-mãe para a temperatura de 40°C dos fosforitos de Karatau e Central Kyzylkum.

Os resultados obtidos indicam a conveniência de processar fosforitos de baixa qualidade com um excesso de 4,5-5 vezes de ácido fosfórico e a possibilidade de obter fosfato monocálcico de alta qualidade.

25 Para estabelecer as condições óptimas de decomposição dos fosforitos de Karatau em ácido fosfórico térmico com um teor de 40% de P O nas condições de lamas não espessantes sob o esquema de recirculação, foram efectuados cálculos gráficos e é demonstrado que à taxa de ácido 450-500% da estequiometria, tempo de contacto 50-60 minutos, à temperatura de 90-95°C, seguido de filtração e separação do resíduo insolúvel, arrefecendo o filtrado a 40°C durante 90 minutos, é possível obter fosfato monocálcico, no qual o fator de decomposição é de 99,0-99,5%. O licor-mãe é regenerado por extração de ácido sulfúrico, seguido de mistura com uma nova porção de ácido fosfórico térmico (TPA) e regresso à fase de decomposição da matéria-prima fosfatada.

Com o objetivo de transformar rocha fosfática de baixa qualidade e de qualidade inferior do depósito de Chilisai em fertilizantes fosfatados altamente concentrados através da sua decomposição com um grande excesso de ácido fosfórico, foram estudadas as taxas e o mecanismo do processo. Os parâmetros cinéticos do processo de decomposição foram determinados e verificou-se que a decomposição da rocha fosfática de Chilisai se processa com bastante rapidez (25-30 min), uma vez que o componente fosfático da rocha fosfática é fornecido sob a forma do mineral kurskite e que, após o quarto ciclo, é possível regenerar o ácido fosfórico e devolvê-lo à fase de decomposição.

$_{25}$O processo de decomposição do concentrado de fosforita lavado e queimado (MOPC) CK decomposto a 40,74% de P O EFC por método cíclico foi estudado em função da taxa de acidez de 300 a 400% da estequiometria e da variação de temperatura de 70 a 100°C.

$_{252525}$$_{\text{разл}}$Estudos cinéticos do processo de decomposição de farinha de rocha fosfática (RFM) (17,37% P O), MOFC (25,77% P O) a temperaturas de 70, 80, 90 e 100°C, a taxa de ESP evaporada contendo 41,20% e 44,98% P O estabeleceram que há um aumento significativo no coeficiente de decomposição (K .) do RFM em comparação com o MOFC de 0,74 para 1,17 vezes e está relacionado com a composição mineralógica e química dos fosforitos. Os índices de energia de ativação indicam uma elevada reatividade da RFM e da MOFC no processamento de ácido fosfórico, independentemente da taxa, da concentração de EFC e da temperatura do processo.

$_{2525}$Foram estabelecidas normas EFC para RFM e MOFC, que são 400-500% para EFC contendo 41,20% de P O e 400-600% para EFC contendo 44,98% de P O , tempo de decomposição 60 minutos, temperatura não superior a 100%.

Uma das formas reais de processamento de rocha fosfática de baixa qualidade com a reciclagem do licor-mãe na produção de fosfato monocálcico é o processo de decomposição com ácido clorídrico. A essência destes processos consiste no facto de os licores-mãe, após a separação do fosfato monocálcico e contendo cloreto de cálcio, serem misturados com ácido fosfórico e, sob a forma de solução de reciclagem, regressarem à fase de decomposição. Ao mesmo tempo, o ácido clorídrico é libertado na solução.

No entanto, todos os métodos considerados de produção de fosfato monocálcico por método cíclico contêm compostos de flúor inaceitáveis para o fosfato alimentar.

§ 1.3. Análise dos actuais métodos de produção de fosfato de potássio

Os principais métodos de produção de di-hidrofosfato de potássio são as interações do ácido fosfórico com compostos que contêm cálcio, a permuta iónica e os métodos de conversão.

Quando o ácido fosfórico interage com os sais, hidróxido de potássio, ocorrem reacções:

$$H_3PO_4 + K_2CO_3 = 2KH_2PO_4 + CO_2 + H_2O$$

$$H_3PO_4 + KCl = KH_2PO_4 + HCl$$

$$H_3PO_4 + KOH = KH_2PO_4 + H_2O$$

A produção moderna de sais de fosfato baseia-se geralmente em processos de várias fases que envolvem a produção de ácido fosfórico, a sua neutralização para os hidrofosfatos correspondentes, a sua separação, secagem e desidratação. São normalmente utilizados hidróxido de potássio ou de potassa e ácido fosfórico. Por conseguinte, o adubo é caro e a escala da sua produção é reduzida. Mesmo a procura agrícola de adubos de estufa não é satisfeita.

Na literatura científica e técnica encontram-se informações sobre vários métodos de obtenção de di-hidrofosfato de potássio: neutralização do ácido fosfórico por potassa, hidróxido de potássio ou interação com cloreto de potássio com destilação de ácido clorídrico, reação de troca entre di-hidrofosfato de sódio e sulfato de potássio ou cloreto de potássio.

Atualmente, a produção de rações, alimentos e sais de ácido fosfórico reativo baseia-se na utilização de ácido fosfórico térmico produzido por método eletrotérmico a temperaturas de 1600-1800°C. Estas operações consomem muita energia, o que, à luz do aumento contínuo dos preços da energia, leva a uma diminuição cada vez maior da sua rentabilidade.

Para obter sais de di-hidrofosfato de potássio puros, utiliza-se EPC térmica fosfórica purificada ou o processo é efectuado em meio de reagentes orgânicos [35; 248 c, 96; P. 6-15].

É conhecido o método de obtenção de di-hidrofosfato de potássio por interação de THF com hidróxido de potássio, em que o hidróxido de potássio é pré-limpo de impurezas insolúveis, vertido num cristalizador e, com agitação, introduzido THF a pH 5,8-6, a solução é arrefecida a uma temperatura de 15-20°C e separam-se cristais de di-hidrofosfato de potássio.

O PFC e o hidróxido de potássio são componentes muito caros e este método tem sido utilizado até à data para produzir di-hidrofosfato de potássio reativo e de qualidade alimentar. Uma forma mais económica e promissora de produzir di-hidrofosfato de potássio são os métodos que utilizam PFC purificado ou processos que utilizam solventes orgânicos.

A purificação do PFC das impurezas associadas é um método complexo e relativamente dispendioso de produção de ácido. O PFC pode ser purificado por evaporação e decapagem com vapor sobreaquecido, precipitação sob a forma de compostos pouco solúveis, permuta iónica, métodos de sorção, utilizando solventes orgânicos.

Por conseguinte, os métodos mais promissores para a obtenção de di-hidrofosfato de potássio são os baseados na utilização de EPC sem purificação preliminar.

Foi desenvolvido um método de obtenção de dihidrofosfato de potássio por interação do EPC com cloreto de potássio em meio água-álcool. Num outro trabalho, a interação do ácido fosfórico com o cloreto de potássio foi realizada em meio butanólico. Neste caso, o dihidrofosfato de potássio precipita, enquanto o cloreto de hidrogénio e as impurezas do ácido fosfórico permanecem em solução.

É descrito um método de obtenção de dihidrofosfato de potássio, incluindo a interação de EPC e cloreto de potássio numa relação molar de 2:1 a 70-145°C, moagem da massa obtida, extração do excesso de ácido com um solvente orgânico em ebulição e subsequente secagem a 80-100°C. Como solventes orgânicos são utilizados o aminol, a acetona e o N-butanol. Métodos conhecidos, em que, como solventes orgânicos, se utilizam aminas alifáticas. Estes métodos envolvem a separação do cloreto de hidrogénio e a recirculação do solvente orgânico.

Existem métodos de obtenção de di-hidrofosfato de potássio a partir de EPC em bruto. A essência do método consiste na neutralização da EPC com carbonato de potássio (potassa) a uma taxa estequiométrica até pH 3,5-4,5 a 80-90°C, separação da mistura obtida a 70-80°C e cristalização do dihidrofosfato de potássio a partir da solução a 15-20°C.

Foi desenvolvido um método em que o EPC é utilizado juntamente com o TFC, que inclui a mistura de 52-54% de ácido fosfórico com cloreto de potássio numa proporção em massa de 2:1 e o aquecimento até 265°C. A mistura resultante é dissolvida em água até se obter uma solução saturada, as impurezas insolúveis em água são separadas por filtração e o dihidrofosfato de potássio é cristalizado.

Um método conhecido de obtenção de fosfato monopotássico isento de cloro inclui a neutralização do EPC com uma solução de carbonato de potássio a pH 3,8-4,5 a 70-78°C, a separação da mistura obtida por filtração, a cristalização subsequente e a separação do produto acabado no arrefecimento. O licor-mãe é reenviado para a fase de dissolução do carbonato de potássio.

O método de permuta iónica para a produção de dihidrofosfato de potássio consiste na reação heterogénea entre o catião em fase sólida e a cationite em fase líquida em colunas cheias de cationite. Quando a cationite é tratada com ácido fosfórico nas colunas, a interação segue o seguinte esquema

$$_{342}\mathrm{H\ PO} + \mathrm{RK} = \mathrm{RK} + \mathrm{KH\ PO_4}$$

com formação de di-hidrofosfato de potássio. Para restaurar a cationite, faz-se passar uma solução de cloreto de potássio através da coluna de acordo com o seguinte esquema

$$\mathrm{RH} + \mathrm{KCl} = \mathrm{RK} + \mathrm{HCl}.$$

A solução resultante da primeira fase é evaporada, os cristais de di-hidrofosfato de potássio são separados por arrefecimento e secos.

Este método de obtenção do di-hidrofosfato de potássio não tem tido grande aplicação, embora seja bastante simples do ponto de vista tecnológico, devido à obtenção de soluções diluídas de di-hidrofosfato de potássio, à utilização de THF e à necessidade de eliminar as soluções de ácido clorídrico.

Os métodos de condensação baseiam-se na interação de soluções purificadas de sais de ácido fosfórico com compostos que contêm cálcio, principalmente cloreto de potássio. Os sais de ácido fosfórico mais utilizados são os fosfatos de amónio, cuja interação com o cloreto de potássio se processa através das seguintes reacções

$$_{424244}\mathrm{NH\ H\ PO} + \mathrm{KCl} \rightarrow \mathrm{KH\ PO} + \mathrm{NH\ Cl}$$

$$_{424244}\mathrm{(NH\ )\ HPO} + \mathrm{KCl} \rightarrow \mathrm{K\ HPO} + \mathrm{2NH\ Cl}$$

Quando se utiliza o di-hidrofosfato de sódio, o processo é realizado de acordo com a reação:

$$_{2424}\mathrm{NaH\ PO} + \mathrm{KCl} \rightarrow \mathrm{KH\ PO} + \mathrm{NaCl}$$

Estas reacções são reversíveis e dependem significativamente da solubilidade dos sais utilizados. A solubilidade do di-hidrofosfato de potássio em água é muito inferior à solubilidade dos di-hidrofosfatos de amónio e de sódio e, na sua presença conjunta em soluções saturadas a altas temperaturas, o di-hidrofosfato de potássio precipitará primeiro ao arrefecer.

$_{25}{}^{+}{}_{4}{}^{+}$Método conhecido de obtenção de di-hidrofosfato de potássio, que inclui a interação de uma solução de ácido fosfórico amoniacal contendo 16-20% de P O , obtida por lixiviação de amofos de concentrado de apatite, com cloreto de potássio a uma razão molar K :NH a 95°C igual a (0,75-1):1) até à dissolução completa, seguida de filtração, arrefecimento a 20°C e separação dos cristais.

É conhecido o método de obtenção de um adubo complexo por interação de soluções de cloreto de potássio e de fosfato de amónio a uma razão molar de (1,0-1,3):1 e a uma temperatura de 35-85°C, com a subsequente cristalização de fosfatos de potássio e de amónio de substituição única a temperaturas de 0 a -5°C.

$_{25}^{++}$É conhecido o método de obtenção de um adubo complexo por interação de uma solução de ácido fosfórico amoniacal com uma concentração de 16-20% de P O , obtida por lixiviação de amofos com água a uma temperatura de 20-60°C e cloreto de potássio na relação K :NH4 = (0,75-1):1. $_{25}$A cristalização é efectuada a uma temperatura de 10-20°C, o precipitado resultante é lavado com uma solução de ácido fosfórico de amónio com uma concentração de 16-20% de P O .

$^{++-}{}_{24}{}^{-}{}_{2}$Com base na análise do sistema Na , K //Cl , H PO - H O a temperaturas de 25 e 100°C, foram calculadas diversas variantes da produção de dihidrofosfato de potássio pelo método de conversão utilizando dihidrofosfato de sódio e sais contendo potássio - silvinite, cloreto de potássio.

Está estabelecido que a interação do fosfato de amónio e do cloreto de potássio em soluções aquosas se processa com a formação de cristais mistos de fosfato de amónio e potássio. O fosfato de potássio e amónio foi obtido a partir de apatite evaporada EPC e de amofos por lixiviação com água. A precipitação do fosfato de potássio e amónio tem um elevado teor de humidade, que varia entre 11,5 e 25,9% e representa um licor-mãe saturado. Como a solução saturada contém cloro e impurezas indesejáveis, estas são transferidas para o produto durante o processo de secagem, contaminando-o.

Conclusões do Capítulo 1.

Uma análise crítica da literatura mostra que existe um grande número de métodos de purificação de produtos para obter substâncias inorgânicas particularmente puras. Muitas vezes, a aplicação de um ou outro método limita-se à sua purificação selectiva de certas impurezas. De entre os métodos descritos, o mais eficaz, permitindo uma purificação profunda e completa de várias substâncias, tanto de aniões como de catiões, é o método de recristalização. Na literatura encontra-se uma descrição do método de purificação profunda do fosfato de amónio pelo método de recristalização consecutiva para obter fosfato monoamónico de graus reactivos "h", "cda", "hh". O rendimento do produto de grau "hh" não é superior a 32% da massa inicial de fosfato de amónio.

A análise dos materiais disponíveis indica a importância científica, prática e económica da investigação destinada ao desenvolvimento de tecnologia e produção de sais de fosfato de cálcio puro a partir de EPC. Isto deve-se principalmente à redução total da produção de PFC, ao seu elevado custo e à complexidade da tecnologia.

A generalização dos dados da literatura relacionados com as questões da obtenção de ortofosfatos de cálcio mais puros a partir de matérias-primas fosfatadas de vários depósitos indica a necessidade de purificação das soluções obtidas a partir das impurezas que acompanham os fosforitos e especialmente do flúor.

A produção de sais de cálcio baseia-se na decomposição ácida de matérias-primas fosfatadas e no processamento subsequente de soluções de ácido nítrico e EFC. Os métodos de purificação de CPE por solventes orgânicos são os mais difundidos e os métodos de purificação por precipitação estão a ganhar força. A purificação do EPC por precipitação das impurezas existentes é mais segura e facilmente realizável com o equipamento disponível.

A análise dos dados da literatura mostra também que os estudos sobre a obtenção de fosfatos de cálcio são efectuados com a utilização de soluções de EPC e de nitrofosfato à base de apatite como soluções iniciais. Não existem dados sobre a obtenção de fosfatos de cálcio a partir de outros tipos de matérias-primas fosfatadas, nomeadamente vários tipos de rochas fosfáticas. A utilização de solventes orgânicos para a purificação de soluções iniciais é indesejável, uma vez que existe um problema de purificação de substâncias orgânicas e o processo tecnológico torna-se mais complicado. Os fosforitos da CK diferem significativamente em composição e estrutura dos depósitos conhecidos no mundo. Foram desenvolvidas tecnologias para a sua transformação em vários tipos de adubos à base de fosfatos e EPP. Ainda não foram desenvolvidos métodos aceitáveis de purificação e produção de sais puros com base no PFC da rocha fosfática CK. Os dados disponíveis são dispersos e não permitem a criação de uma tecnologia para a transformação de rocha fosfática CK em amónio, fosfatos de cálcio e sais de maior qualificação.

Os aditivos minerais para alimentação animal desempenham um papel importante no desenvolvimento da criação de gado, da avicultura e da piscicultura. A gama mundial de aditivos minerais básicos para a alimentação animal inclui mais de 10 nomes. Os fosfatos de cálcio, de amónio e de sódio são predominantemente utilizados. Os mais valiosos são os fosfatos de cálcio. Nos alimentos para animais em que há uma quantidade significativa de cálcio e não há fósforo suficiente, são utilizados aditivos de fósforo e sódio. Os compostos que não contêm azoto proteico - fosfatos de amónio - são utilizados para compensar a deficiência proteica nas dietas de bovinos e ovinos.

Com o rápido crescimento da indústria da piscicultura, aumentou a procura de aditivos minerais para a alimentação animal alternativos ao amofos, entre os quais o fosfato monocálcico desfluorado é muito procurado.

A República não produz nem di-hidrofosfato de potássio nem fosfato monocálcico desfluorado. Neste contexto, a organização da produção de di-hidrofosfato de potássio sem cloro e sem fertilizantes e de fosfato monocálcico para alimentação animal a partir de rocha fosfática CK é um problema que tem de ser resolvido.

CAPÍTULO II. MÉTODOS QUÍMICOS E FÍSICO-QUÍMICOS DE INVESTIGAÇÃO

§ 2.1. Caracterização dos materiais utilizados e metodologia das experiências

Para o trabalho experimental, utilizámos EFC pré-defluorado com metassilicato e carbonato de sódio e dessulfatado com concentrado de fosfato queimado lavado (MOFC), metassilicato de sódio, carbonatos de sódio e de cálcio (calcário), óxido de cálcio, cloreto de potássio, fosfato de potássio, amoníaco gasoso e aquoso.

A composição química das matérias-primas utilizadas é apresentada no quadro 2.1.

Tabela 2.1.

Composição química das matérias-primas utilizadas nos trabalhos

Reagente	Composição química, % em peso							
	$_{25}$	SO_3	CaO	MgO	$_2AlO_3$	$_2FeO_3$	F	CO_2
CEF (out.)	18,31	2,32	0,31	1,12	1,36	0,93	1,25	-
Purificação. EFC (ob. 1)	17,02	0,23	1,58	0,49	0,38	0,25	0,30	-
Purificação. EFC (ob. 2)	16,98	0,20	2,09	0,80	0,38	0,25	0,32	-
MOFC	27,50	3,31	54,46	0,99	1,87	0,70	2,70	-
Calcário	-	-	54,88	0,47	0,21	0,10	-	43,76

Foi utilizado EFC de acordo com TSh 6.6-21:2018 produzido por "Ammofos-Maxam" JSC, e MOFC produzido pela fábrica de fosforito de Kyzylkum de acordo com O'zDSt 2825:2018. EFC purificado de aniões fluoreto e sulfato por métodos conhecidos. $_2$A dessulfuração e a dessulfuração do EFC inicial foram efectuadas à taxa de MOFC 125% (EFC purificado ob.1) e 150% (EFC purificado ob.2) de CaO para precipitação de sulfatos sob a forma de gesso e flúor sob a forma de CaF . O metassilicato e o carbonato de sódio foram utilizados para a precipitação do flúor sob a forma de hexafluorossilicato de sódio.

Como carbonato de sódio utilizámos carbonato de sódio de acordo com GOST 5100-85, produzido por UP "Kungrad soda plant", calcário do depósito de Jizzak, amoníaco gasoso de acordo com GOST 6221-90 e soluções aquosas de amoníaco de acordo com GOST 9-92 produzidas por JSC "Maxam-Chirchik".

Como componentes iniciais foram utilizadas soluções purificadas de fosfato monossódico, obtidas com base em EFC desfluorado a partir de fosforitos de CK por neutralização com carbonato de sódio e cloreto de potássio de flotação produzido pela UP "Dehkanabad potash plant" de composição (% em peso): 2KCl - 95,3; NaCl - 2,97; n.o. - 1,1; H O - 0,43, obtido a partir de silvinites do depósito de Tyubegatan pelo método de flotação e solução de di-hidrofosfato de sódio com a composição (% em peso) 22532323Na O - 6,13; P O - 13,92; SO - 0,74; CaO - 0,22; MgO - 0,79; Al O - 0,026; Fe O - 0,012; F - 0,026.

As experiências foram realizadas numa unidade de modelização laboratorial constituída por um reator de vidro equipado com um agitador eletromecânico e instalado num recipiente de vidro com termóstato.

§ 2.2. Métodos de realização de análises químicas, de determinação das propriedades físicas e de realização de investigações físico-químicas

As matérias-primas, os produtos intermédios e os produtos finais foram analisados quanto ao teor dos seguintes componentes: fosfatos, sulfatos, fluoretos, potássio, sódio, magnésio, cálcio, alumínio e ferro.

25Os fosfatos foram determinados pelo método fotométrico diferencial baseado na formação de um complexo de cor amarela fósforo-nádio-molibdénio e na medição fotométrica da densidade ótica deste complexo no comprimento de onda λ = 430-450 nm em relação a uma solução de referência contendo uma quantidade conhecida de P O . A extração dos fosfatos foi efectuada com uma solução de ácido nítrico.

O potássio foi determinado pelo método de formação de um precipitado de perclorato de potássio insolúvel em álcool etílico e sua determinação em massa. O sódio foi determinado pelo método fotométrico de chama. A fração mássica de cloro foi determinada pelo método mercurimétrico por titulação de cloretos com solução de nitrato de mercúrio na presença do indicador difinilcarbozona. O cálcio e o magnésio foram determinados pelo método complexométrico, com base na mudança de cor do indicador (fluorexona na determinação do cálcio e azul-escuro do crómio ácido na determinação do magnésio) na interação dos iões cálcio e magnésio com o trilon B.

Os sulfatos foram determinados pelo método do peso, com base na precipitação dos sulfatos com cloreto de bário em meio ácido e subsequente pesagem do precipitado. O teor de ferro e alumínio foi determinado pelo método complexométrico, baseado na titulação do ferro com trilon B na presença de ácido sulfossalicílico como indicador e na retrotitulação do excesso de trilon B com solução de sulfato de zinco e determinação do alumínio na presença de alaranjado de xilenol como indicador. A determinação de fluoretos foi efectuada por método ionométrico baseado na medição da concentração de fluoretos em solução utilizando elétrodo seletivo de fluoretos sem extração preliminar de fluoretos.

A água nas amostras sólidas foi determinada por secagem num exsicador até peso constante a 100-105°C.

Para caraterizar os produtos intermédios e finais, estudámos as suas propriedades físicas e químicas: densidade, viscosidade, pH. A densidade das soluções e das pastas foi determinada com o picnómetro PZh-2. A viscosidade cinemática das soluções e das pastas foi medida pelos viscosímetros capilares de vidro VPZh-1 e VPZh-2. O pH das soluções e das suspensões foi determinado pelo método eletromecânico.

Foi efectuada a identificação da composição e das propriedades das substâncias iniciais e intermédias, dos produtos intermédios e dos produtos, para além da análise química e da determinação das propriedades físicas por métodos espectroscópicos de raios X e de infravermelhos. As radiografias de raios X das amostras foram realizadas no aparelho XRD-6100 (Shimadzu, Japão) com controlo por computador. $_{\alpha}$Foi utilizada radiação CuK (filtro β, Ni, 1,54178, corrente do tubo e modo de tensão 30 mA, 30 kV) e velocidade de rotação constante do detetor de 4 graus/minuto com um passo de 0,02 graus. °(acoplamento ω/2θ), e o ângulo de varrimento variou de 4 a 80 .

A morfologia da superfície e a microestrutura das amostras foram estudadas utilizando um microscópio eletrónico de varrimento SEM - EVO MA 10 (Carl Zeiss, Alemanha) com um espetrómetro de raios X Aztec Energy Advanced X-Act - Oxford Instruments. Este instrumento foi concebido para a análise microscópica da estrutura e dos defeitos, incluindo a determinação da composição elementar local por espetroscopia de dispersão de energia. As experiências com o microscópio eletrónico de varrimento foram realizadas da seguinte forma. Para efetuar o processo de preparação da amostra, foi colocado um suporte de liga metálica na lâmina do microscópio, sobre o qual foi colada uma folha de alumínio com uma superfície adesiva de dupla face. Sobre esta folha foi aplicada a amostra em estudo. Em seguida, a lâmina foi colocada na câmara de trabalho do microscópio, da qual o ar foi bombeado para criar vácuo. Para a medição, foi aplicada uma tensão de aceleração de 12 kV ao filamento e a distância de trabalho foi de 8,5 mm. As imagens foram obtidas em escalas a partir de 50 μm.

CAPÍTULO III. ESTUDO DO PROCESSO DE PRODUÇÃO DE FOSFATO MONOCÁLCICO COM BASE NA EXTRACÇÃO DE ÁCIDO FOSFÓRICO A PARTIR DE FOSFORITOS DOS KYZYLKUMS CENTRAIS

§ 3.1. Investigação do processo de evaporação do ácido fosfórico de extração desfluorado e dessulfatado

Os estudos sobre a produção de fosfato monocálcico dessulfurado foram realizados num reator de vidro equipado com um agitador mecânico e instalado num termóstato. A principal matéria-prima para a produção de fosfato na Ammofos-Maxam AS é o EPC. A EPC foi purificada preliminarmente de sulfatos e flúor (ob. 1 e 2) utilizando MOFC e sais de sódio - carbonato e metassilicato. Posteriormente, o EFC foi concentrado numa unidade de evaporação sob vácuo.

A presença de um maior teor de cálcio, magnésio, alumínio e ferro no EFC pode afetar negativamente a desfluoração do EFC, ligando o flúor a compostos complexos ou pouco solúveis, sobre os quais a elasticidade do vapor do ácido silicofluorídrico é significativamente reduzida.

$_{25}$As composições do EFC concentrado contendo 17-60% de P O são apresentadas no Quadro 3.1.

$_{25}$O quadro mostra que, à medida que o teor de P O nos ácidos evaporados aumenta, o teor de outros componentes também aumenta proporcionalmente (Fig. 1).

$_{25}$Assim, o teor em óxido de cálcio aumenta de 1,58% para 5,54% a 60% de P O , o magnésio de 0,49% para 1,15%, o óxido de ferro de 0,25% para 0,85%, o óxido de alumínio de 0,38% para 1,24%, os iões sulfato de 0,23% para 0,76%. O teor de fluoreto diminui de 0,30% para 0,14%, dependendo da concentração de EFC.

Tabela 3.1.

Composição química dos ácidos fosfóricos de extração evaporada dos fosforitos do Kyzylkums Central

№	Composição química, % em peso						
	$_2$P O$_5$	CaO	MgO	$_2$Fe O$_3$	$_2$Al O$_3$	SO_4^{2-}	F
CEF purificado (ob. 1)							
1	17,02	1,58	0,49	0,25	0,38	0,23	0,30
2	25,0	2,33	0,72	0,37	0,56	0,34	0,24
3	35,04	3,25	1,01	0,52	0,78	0,48	0,22
4	40,10	3,72	1,44	0,60	0,91	0,55	0,19

5	45,02	4,19	1,62	0,67	1,01	0,61	0,18
6	50,09	4,64	1,80	0,73	1,08	0,66	0,17
7	55,01	5,09	1,98	0,78	1,14	0,70	0,15
8	60,05	5,54	1,15	0,85	1,24	0,76	0,14
CEF purificado (ob. 2)							
9	16,98	2,09	0,80	0,25	0,38	0,23	0,32
10	25,03	2,93	1,17	0,37	0,56	0,34	0,23
11	35,08	4,31	1,64	0,52	0,78	0,48	0,22
12	40,05	4,93	1,88	0,60	0,90	0,54	0,21
13	45,01	5,54	2,11	0,67	1,01	0,61	0,20
14	50,04	6,16	2,36	0,75	1,12	0,68	0,18
15	55,02	6,78	2,59	0,82	1,23	0,75	0,18
16	60,01	7,40	2,83	0,90	1,34	0,82	0,17

$_{25}$O teor de óxido de cálcio aumenta de 2,09% para 7,40% a 60% de P O , o magnésio de 0,80% para 2,83%, o óxido de ferro de 0,25% para 0,90%, o óxido de alumínio de 0,38% para 1,34%, os iões sulfato de 0,23% para 0,82%. O teor de fluoreto diminui de 0,32% para 0,17%, dependendo da concentração de EFC (Fig. 2).

$_{25}$Com o aumento do teor de P O no EFC evaporado, as densidades e viscosidades aumentam e, com o aumento da temperatura, diminuem (Tabela 3.2). $_{25}{}^{3o}{}_{25}{}^{3}$Enquanto o EFC inicial dessulfatado e desfluorado com 17,02% de P O (Ob. 1) tem uma densidade de 1,138 g/cm a 20 C, o ácido com 50% de P O tem uma densidade de 1,622 g/cm . $^{oo}{}_{25}{}^{33}$O aumento da temperatura de 20 C para 100 C faz com que a densidade do ácido com 50% de P O diminua de 1,622 g/cm para 1,583 g/cm .

As mudanças na viscosidade dos ácidos evaporados são semelhantes às mudanças na densidade. $_{2525}{}^{oo}$A viscosidade do ácido contendo 17,02% de P O é de 2,155 mPa·s e a de 50% de P O 41,460 mPa·s a 20 C e diminui para 0,928 mPa·s e 15,734 mPa·s, respetivamente, a 100 C.

Tabela 3.2.

Efeito da concentração e da temperatura na densidade e na viscosidade dos ácidos fosfóricos evaporados

№	Conz-I CEF	Densidade, g/cm^3					Viscosidade, mPa·s				
		20°C	40°C	60°C	80°C	100°C	20°C	40°C	60°C	80°C	100°C
Limpeza do CEF (ob. 1)											
1	17,02	1,138	1,128	1,121	1,118	1,110	2,155	1,426	1,087	1,021	0,928
2	25,0	1,269	1,258	1,251	1,247	1,239	3,821	2,527	1,757	1,405	1,194

3	35,04	1,379	1,366	1,358	1,355	1,347	9,101	6,021	4,187	3,346	2,811
4	40,10	1,468	1,455	1,446	1,442	1,434	17,882	11,832	8,227	6,575	5,457
5	45,02	1,551	1,536	1,527	1,523	1,514	29,772	19,698	13,697	10,946	8,866
6	50,09	1,622	1,607	1,597	1,593	1,583	41,640	28,953	23,138	18,510	15,734
Limpeza do CEF (ob. 2)											
7	16,98	1,184	1,173	1,166	1,163	1,156	2,252	1,490	1,136	1,037	0,931
8	25,03	1,320	1,308	1,300	1,297	1,291	3,992	2,641	1,836	1,468	1,248
9	35,08	1,434	1,421	1,412	1,409	1,403	9,510	6,292	4,375	3,497	2,937
10	40,05	1,527	1,513	1,504	1,500	1,493	18,687	12,364	8,597	6,871	5,772
11	45,01	1,613	1,598	1,588	1,584	1,577	31,112	20,585	14,313	11,439	9,380
12	50,04	1,687	1,671	1,661	1,657	1,650	43,514	30,256	24,181	19,345	16,442

$_{25}{}^{3o}{}_{25}{}^{3}$Enquanto o EFC inicial dessulfurado e dessulfurado com 16,98% de P O (Eq. 2) tem uma densidade de 1,184 g/cm a 20 C, o ácido com 50% de P O tem uma densidade de 1,687 g/cm . $^{oo}{}_{25}{}^{33}$O aumento da temperatura de 20 C para 100 C faz com que a densidade do ácido com 50% de P O diminua de 1,687 g/cm para 1,650 g/cm .

$_{2525}{}^{oo}$A viscosidade do ácido contendo 16,98% de P O é de 2,252 mPa·s e a do contendo 50% de P O 43,514 mPa·s a 20 C e diminui para 0,931 mPa·s e 16,442 mPa·s, respetivamente, a 100 C.

§ 3.2. Investigação da influência dos parâmetros tecnológicos no processo de produção de fosfato monocálcico a partir de ácido fosfórico extraído dessulfurado e dessulfurado e de carbonato de cálcio

Para obter fosfato monocálcico de alimentação a partir de calcário e EFC dessulfurado e dessulfurado, o efeito da temperatura e da duração do processo no grau de decomposição do calcário foi investigado a uma taxa de ácido de 100% e concentração de 17-50% (Tabela 3.3).

O aumento da temperatura do processo de decomposição de 20 para 80°C aumenta significativamente o grau de decomposição do calcário para todos os valores da duração do processo. Com o aumento da duração do processo de decomposição de 10 para 100 minutos, o grau de decomposição de 18,17-19,46% a 20°C aumenta para 77,67-82,64%, e a 80°C estes valores são 54,60-58,53% e 93,54-98,04%, respetivamente. $_{2525}$O aumento da concentração de EFC de 17% P O para 50% P O leva a uma diminuição do grau de decomposição de 82,64-98,04% para 77,67-92,14% para a temperatura de 20-80°C e duração do processo de 100 min.

$_{25}$Do ponto de vista tecnológico, a concentração mais aceitável de EFC é de 30-35% de P O , na qual o grau de decomposição do calcário é superior a 95%, com uma duração de processo de 100 minutos. Com estes parâmetros, a pasta é móvel e com um grau de decomposição suficiente.

A Tabela 3.4 mostra o efeito da dimensão das partículas de calcário em função da concentração de EFC e da duração do processo a uma taxa de acidez de 100%. $_{2525}$A redução do diâmetro das partículas de 5,0 para 0,1 mm de calcário leva a um aumento do grau de decomposição a 60°C de 49,33% para 69,11% para 30% P O EFC e de 47,36% para 65,20% para 45% P O .

Tabela 3.3.

Efeito da temperatura, da concentração do ácido fosfórico de extração e da duração do processo no grau de decomposição do calcário

№	t, °C	Grau de decomposição, %						
		10 min	20 min	30 min	40 min	60 min	80 min	100 min
$_2$Concentração de CEF 17% P O_5								
1	20	19,46	43,72	63,31	74,86	80,26	81,05	82,64
2	40	33,53	59,57	76,35	84,88	87,12	87,94	89,45
3	60	48,17	70,24	87,02	90,28	92,49	93,79	94,59
4	80	58,53	78,81	94,95	96,87	97,25	97,74	98,04
$_2$Concentração de CEF 20% P O_5								
5	20	19,27	43,29	62,68	74,12	79,47	80,24	81,82
6	40	33,20	58,98	75,59	84,04	86,29	87,07	88,56
7	60	47,69	69,55	86,15	89,39	91,57	92,86	93,65
8	80	57,95	78,03	94,01	95,91	96,29	96,77	97,07
$_2$Concentração de CEF 25% P O_5								
9	20	19,08	42,86	62,05	73,38	78,68	79,44	81,01
10	40	32,87	58,39	74,83	83,20	85,43	86,20	87,68
11	60	47,21	68,85	85,29	88,49	90,65	91,93	92,71
12	80	57,37	77,25	93,07	94,95	95,33	95,80	96,10
$_2$Concentração de CEF 30% P O_5								
13	20	18,99	42,65	61,74	73,01	78,29	79,04	80,60
14	40	32,71	58,10	74,46	82,78	85,01	85,77	87,24

15	60	46,97	68,51	84,86	88,05	90,20	91,47	92,25
16	80	57,08	76,86	92,60	94,47	94,85	95,32	95,62
Concentração de CEF 35% P_2O_5								
17	20	18,88	42,39	61,37	72,57	77,82	78,56	80,12
18	40	32,51	57,75	74,01	82,28	84,50	85,26	86,81
19	60	46,69	68,10	84,35	87,57	89,66	90,92	91,70
20	80	56,74	78,39	92,04	93,90	94,28	94,75	95,05
Concentração de CEF 40% P_2O_5								
21	20	18,73	42,05	60,88	71,99	77,20	77,93	79,48
22	40	32,25	57,29	73,42	81,62	83,82	84,58	86,12
23	60	46,32	67,56	83,68	86,87	88,94	90,19	90,97
24	80	56,27	77,76	91,30	93,15	93,53	93,99	94,29
Concentração de CEF 45% P_2O_5								
25	20	18,45	41,42	60,39	71,41	76,58	77,30	78,85
26	40	31,77	56,43	72,83	80,97	83,15	83,90	85,43
27	60	45,63	66,55	83,01	86,17	88,29	89,47	90,24
28	80	55,43	76,59	90,57	92,40	92,78	93,24	93,54
Concentração de CEF 50% P_2O_5								
29	20	18,17	40,80	59,49	70,34	75,44	76,15	77,67
30	40	31,29	55,87	71,74	79,76	81,91	82,65	84,15
31	60	44,95	65,54	81,77	84,88	86,97	88,13	88,89
32	80	54,60	75,45	89,22	91,02	91,39	91,85	92,14

Os melhores resultados do grau de decomposição do calcário são observados com um diâmetro de partícula inferior a 1,0 mm e são 94,38-97,05% para uma concentração de ESP de 30% de P_2O_5 e uma duração do processo de 100 minutos e 93,05-94,12% para uma concentração de ácido de 45% de P_2O_5.

Assim, foram estabelecidos os parâmetros tecnológicos óptimos da decomposição do calcário: temperatura de decomposição - 80-100°C, duração do processo - 30-60 min, tamanho das partículas - 0,1-1,0 mm. O aumento da duração do processo de decomposição, o aumento da temperatura e a redução do diâmetro das partículas de calcário também contribuem para aumentar o grau de decomposição.

Tabela 3.4.

Efeito do diâmetro das partículas de calcário, da concentração de ácido fosfórico de extração e da duração do processo no grau de decomposição do calcário a uma taxa de 100% EFC

№	Diâmetro das partículas, mm	Grau de decomposição, %						
		10 min	20 min	30 min	40 min	60 min	80 min	100 min
$_2$Concentração de CEF 20% P O_5								
1	5,0	49,97	68,51	84,86	89,05	90,59	91,47	92,25
2	3,0	55,01	72,69	88,73	91,86	92,93	93,40	93,94
3	1,0	59,08	76,86	91,6	94,15	94,85	95,32	95,62
4	0,5	62,67	79,79	93,78	95,71	96,22	96,55	96,74
5	0,18	66,05	82,17	95,17	97,08	97,56	97,84	98,03
6	0,1	70,01	87,10	97,07	97,66	98,15	98,33	98,52
$_2$Concentração de CEF 30% P O_5								
7	5,0	49,33	67,62	83,76	87,89	89,41	90,28	91,05
8	3,0	54,29	71,75	87,58	90,67	91,72	92,19	92,72
9	1,0	58,31	75,86	90,41	92,93	93,62	94,08	94,38
10	0,5	61,86	78,75	92,56	94,47	94,97	95,29	95,48
11	0,18	65,19	81,10	93,93	95,82	96,29	96,57	96,76
12	0,1	69,11	85,97	96,75	96,11	96,77	97,05	97,05
$_2$Concentração de CEF 45% P O_5								
13	5,0	47,36	64,91	80,41	84,38	85,84	86,67	87,41
14	3,0	52,21	67,69	83,41	89,37	90,05	91,13	91,89
15	1,0	55,01	72,61	88,12	90,21	91,95	92,32	93,05
16	0,5	58,91	74,29	90,03	91,71	92,21	92,73	93,32
17	0,18	61,49	77,23	90,32	91,39	91,87	93,33	93,92
18	0,1	65,20	81,11	91,27	92,35	92,79	93,81	94,12

§ 3.2.2 Efeito da taxa e da concentração de ácido fosfórico no processo de produção de fosfato monocálcico

$_{25}$Para a decomposição do calcário, foram utilizados ácidos P O desfluorados, dessulfatados e evaporados a 16,98-45%. Foi investigada a influência da concentração e da taxa de EFC na composição química da pasta e do fosfato monocálcico dessulfurado.

$_{25}$O efeito da taxa de EFC com uma concentração de 16,98-45% de P O na composição das pastas de fosfato monocálcico é apresentado na Tabela 3.5.

Tabela 3.5.

Efeito da taxa e da concentração do ácido fosfórico de extração na composição química da pasta de fosfato monocálcico (Fig. 2)

№	Taxa de acidez, %	Conz. EFK, $_2$% P O_5	Composição química, % em peso						
			$_2$P O_5	CaO	MgO	$_2$Fe O_3	$_2$Al O_3	SO_4^{2-}	F
1	95	17	15,76	8,48	0,94	0,23	0,35	0,21	0,30
	100		15,88	8,22	0,94	0,24	0,36	0,22	0,30
	105		15,93	7,94	0,93	0,24	0,37	0,22	0,30
	110		15,98	7,65	0,93	0,24	0,38	0,22	0,30
2	95	25	22,45	11,95	1,35	0,34	0,50	0,31	0,20
	100		22,69	11,60	1,35	0,34	0,51	0,31	0,21
	105		22,79	11,74	1,34	0,34	0,51	0,31	0,21
	110		22,88	10,88	1,33	0,34	0,51	0,31	0,21
3	95	35	30,19	16,25	1,82	0,45	0,68	0,41	0,18
	100		30,64	15,85	1,82	0,46	0,69	0,42	0,19
	105		30,85	15,42	1,81	0,46	0,70	0,42	0,19
	110		31,06	14,96	1,81	0,46	0,70	0,42	0,19

4	95	40	34,16	18,39	2,05	0,51	0,77	0,46	0,17
	100		34,67	17,94	2,04	0,52	0,78	0,47	0,18
	105		34,91	17,45	2,03	0,52	0,79	0,47	0,18
	110		35,15	16,93	2,03	0,52	0,79	0,47	0,18

$_{25}$À medida que a taxa de ácido aumenta de 95% para 110%, os teores de P O e CaO aumentam ligeiramente, os teores de componentes de impureza aumentam em décimos de um por cento, independentemente da concentração de EFC. $_{2525}$A uma concentração de ácido de 25%, o teor de P O aumenta de 22,45% a 95% para 22,88% a 110% para a formação de fosfato monocálcico. $_{25}$Após a secagem, o teor de P O do fosfato monocálcico muda de 51,97% para 54,99% (Tabela 3.6). Ao mesmo tempo, o teor de CaO é de 25,63-28,24% e o de flúor de 0,24-1,02%.

Quadro 3.6

Efeito da taxa e da concentração do ácido fosfórico de extração na composição química do fosfato monocálcico (Fig. 2)

№	Norma ácido, %	Conz. EFK, $_2$% P O_5	Composição química do fosfato monocálcico, % em peso						
			$_2$P O_5	CaO	MgO	$_2$Fe O_3	$_2$Al O_3	SO_4^{2-}	F
1	95	17	52,32	28,16	3,14	0,78	1,17	0,71	0,98
	100		53,23	27,55	3,16	0,79	1,19	0,72	1,00
	105		53,88	26,91	3,17	0,80	1,20	0,73	1,01
	110		54,53	26,27	3,18	0,82	1,22	0,74	1,02
2	95	25	52,18	27,77	3,13	0,78	1,17	0,71	0,47
	100		53,01	27,11	3,15	0,79	1,18	0,72	0,47

	105		53,45	26,37	3,16	0,80	1,19	0,72	0,48
	110		53,88	25,63	3,18	0,81	1,20	0,73	0,48
3	95	35	51,97	27,98	3,12	0,77	1,16	0,70	0,31
	100		53,02	27,44	3,15	0,79	1,18	0,72	0,32
	105		53,98	26,95	3,18	0,81	1,20	0,73	0,32
	110		54,94	26,46	3,20	0,82	1,22	0,74	0,33
4	95	40	52,22	28,11	3,14	0,78	1,16	0,71	0,27
	100		53,04	27,45	3,16	0,79	1,18	0,72	0,27
	105		53,95	26,94	3,18	0,80	1,20	0,73	0,28
	110		54,86	26,43	3,20	0,82	1,22	0,74	0,28
5	95	45	52,47	28,24	3,15	0,78	1,17	0,71	0,24
	100		53,01	27,43	3,16	0,79	1,19	0,72	0,25
	105		54,02	26,96	3,18	0,80	1,21	0,73	0,25
	110		54,99	26,49	3,20	0,82	1,23	0,74	0,26

Os estudos efectuados demonstraram a possibilidade de obter fosfato monocálcico desfluorado para adubo com base em EPC desfluorado e dessulfatado a partir de rocha fosfática de CK.[25][25] O fosfato monocálcico obtido com uma concentração de EPC de 25-40% P O contém 51,97-54,99% P O , 25,63-28,24% CaO. O teor de flúor é de 0,24-1,02%. Quanto maior for a concentração inicial de EFC, menor será o teor de flúor do fosfato monocálcico.[25] O aumento da concentração de EFC até 40 % de P O favorece a diminuição do teor de flúor no fosfato monocálcico obtido. No entanto, o teor de flúor no produto final é superior a 0,2 %, o que não satisfaz os requisitos do fosfato de cálcio para alimentação animal. O fosfato monocálcico obtido com as concentrações de EFC acima referidas é um adubo de fosfato monocálcico desfluorado.

Para obter fosfato monocálcico de pureza alimentar é necessário efetuar uma purificação mais profunda do EPC a partir da rocha fosfática CK do flúor.

$_{25}$Para a decomposição do calcário utilizou-se ácido fosfórico desfluorado, dessulfurado e vaporizado com um teor de 45 a 60%. Foi investigado o efeito da concentração e da taxa de ácido fosfórico na composição química da lama e do fosfato monocálcico dessulfurado.

$_{25}$O efeito da taxa de EFC com uma concentração de 45-60% de P O na composição das pastas de fosfato monocálcico é mostrado na Tabela 3.7.

$_{25}$À medida que a taxa de acidez aumenta de 95% para 110%, os teores de P O e CaO aumentam ligeiramente, os teores de componentes de impureza aumentam em décimas de um por cento, independentemente da concentração de EFC. $_{25252525}$A uma concentração ácida de 45% de P O, o teor de P O aumenta de 38,46% a 95% para 39,59% a 110%; a uma concentração ácida de 50% de P O, o teor de P O aumenta de 42,31% a 95% para 43,56% a 110%, $_{25252525}$a uma concentração ácida de 55% de P O o teor de P O aumenta de 46,54% a uma taxa de 95% para 47,92% a uma taxa de 110% e a uma concentração ácida de 60% de P O o teor de P O aumenta de 50,77% a uma taxa de 95% para 52,27% a uma taxa de 110% para formar fosfato monocálcico.

Quadro 3.7

Efeito da taxa e da concentração do ácido fosfórico de extração na composição química do fosfato monocálcico antes da secagem (Fig. 1)

№	Taxa de acidez, %	Composição química, % em peso							
		$_2$P O_5	CaO	MgO	$_2$Fe O_3	$_2$Al O_3	SO_4^{2-}	F	$_2$H O
$_2$Concentração de CEF - 45% P O_5									
1	95	38,46	20,69	1,19	0,85	1,26	0,63	0,131	24,67
2	100	39,09	20,23	1,20	0,86	1,27	0,64	0,136	25,32
3	105	39,35	19,65	1,21	0,87	1,28	0,65	0,142	26,43
4	110	39,59	19,06	1,22	0,88	1,29	0,66	0,149	27,49

$_2$Concentração de CEF - 50% P O_5									
5	95	42,31	22,77	1,31	0,94	1,39	0,69	0,140	18,14
6	100	43,01	22,25	1,32	0,95	1,40	0,70	0,146	18,65
7	105	43,29	21,61	1,33	0,96	1,42	0,71	0,153	19,47
8	110	43,56	20,97	1,34	0,97	1,43	0,72	0,160	20,25
$_2$Concentração de CEF - 55% P O_5									
9	95	46,54	24,50	1,55	1,03	1,53	0,76	0,132	11,09
10	100	47,31	24,47	1,56	1,05	1,54	0,77	0,138	11,56
11	105	47,62	23,77	1,57	1,06	1,56	0,78	0,145	12,48
12	110	47,92	23,07	1,59	1,07	1,57	0,79	0,152	13,25
$_2$Concentração de CEF - 60% P O_5									
13	95	50,77	27,32	1,80	1,13	1,67	0,83	0,123	4,86
14	100	51,61	26,70	1,81	1,14	1,68	0,84	0,129	5,23
15	105	51,95	25,93	1,82	1,15	1,70	0,85	0,135	5,98
16	110	52,27	25,16	1,84	1,16	1,72	0,86	0,141	6,31

$_{25}$Após a secagem, o teor de P O no fosfato monocálcico muda de 52,58% para 55,26% (Tabela 3.8). Ao mesmo tempo, o teor de CaO é de 26,59-28,30% e o teor de flúor é de 0,127-0,181%.

O aumento da concentração de EFC contribui para a redução do teor de fluoreto no produto acabado de pureza dos alimentos para animais.

Tabela 3.8.

Efeito da taxa e concentração de ácido na composição química do fosfato monocálcico após secagem (Fig. 1)

№	Taxa de acidez, %	Composição química, % em peso						
		$_2$P O_5	CaO	MgO	$_2$Fe O_3	$_2$Al O_3	SO_4^{2-}	F
$_2$Concentração de CEF - 45% P O_5								

1	95	52,58	28,30	3,17	1,17	1,72	0,85	0,181
2	100	53,12	27,51	3,15	1,18	1,73	0,86	0,187
3	105	54,11	27,02	3,18	1,20	1,78	0,89	0,192
4	110	55,08	26,53	3,22	1,23	1,81	0,91	0,196
$_2$Concentração de CEF - 50% P O_5								
5	95	52,65	28,33	3,17	1,17	1,72	0,85	0,174
6	100	53,19	27,52	3,15	1,18	1,73	0,86	0,179
7	105	54,17	27,04	3,18	1,20	1,78	0,89	0,186
8	110	55,14	26,55	3,22	1,23	1,81	0,91	0,191
$_2$Concentração de CEF - 55% P O_5								
9	95	52,73	28,09	3,17	1,17	1,73	0,86	0,144
10	100	53,26	27,55	3,16	1,18	1,74	0,87	0,151
11	105	54,18	27,05	3,16	1,20	1,77	0,89	0,164
12	110	55,21	26,58	3,21	1,23	1,81	0,91	0,173
$_2$Concentração de CEF - 60% P O_5								
13	95	52,81	27,95	3,18	1,18	1,73	0,86	0,127
14	100	53,33	27,58	3,16	1,18	1,74	0,87	0,132
15	105	54,24	27,07	3,18	1,20	1,77	0,89	0,140
16	110	55,26	26,59	3,22	1,22	1,81	0,90	0,148

Assim, os estudos efectuados mostraram a possibilidade de obter fosfato monocálcico granulado para alimentação animal com base em EFC dessulfurado e dessulfurado a partir de fosforitos de CK. $_{25}$O fosfato monocálcico, independentemente da concentração inicial de ácido, contém 52,65-55,26% de P O , 26,55-28,33% de CaO. O teor de flúor é de 0,127-0,191%. Quanto maior for a concentração inicial de ácido fosfórico, menor será o teor de flúor do fosfato monocálcico. As amostras obtidas de fosfato monocálcico para alimentação animal cumprem os requisitos para fosfatos para alimentação animal GOST - 23999-80.

§ 3.3. Influência da multiplicidade da retorta na composição química e nas propriedades do fosfato monocálcico

$_{25}$Quando o fosfato monocálcico é obtido utilizando o ácido evaporado contendo 45-55% de P O , forma-se uma massa espessa que endurece após 10-15 minutos. $_{25}$O teor de humidade dos produtos é de 24,67-27,49%, 18,14-20,25% e 11,09-13,25%, respetivamente, para concentrações de ácido de 45, 50 e 55% de P O .

A secagem de fosfato monocálcico com elevado teor de humidade não se justifica economicamente. Por conseguinte, a fim de reduzir o teor de humidade do produto alimentado para secagem, foi estudada a influência da proporção de MCP:retorta na alteração da composição química e do teor de humidade do produto. Os resultados obtidos são apresentados na Tabela 3.9.

Quadro 3.9

Efeito do retorcimento do processo e da concentração de ácido fosfórico

№	ICF:retou	Composição química, % em peso							
		$_2$P O$_5$	CaO	MgO	$_2$Fe O$_3$	$_2$Al O$_3$	SO_4^{2-}	F	$_2$H O
$_2$Concentração de CEF - 45% P O$_5$									
1	1:0,3	42,22	21,85	1,29	0,93	1,37	0,69	0,153	21,70
2	1:0,5	43,61	22,57	1,34	0,96	1,42	0,72	0,156	19,45
3	1:0,8	45,11	23,35	1,39	0,99	1,47	0,74	0,160	16,86
4	1:1,0	45,88	23,74	1,41	1,01	1,49	0,75	0,162	14,41
$_2$Concentração de CEF - 50% P O$_5$									
5	1:0,3	45,23	23,40	1,39	1,00	1,47	0,74	0,146	17,28
6	1:0,5	46,22	23,91	1,42	1,02	1,50	0,75	0,151	16,08
7	1:0,8	47,30	24,47	1,45	1,04	1,54	0,77	0,155	14,62
8	1:1,0	47,83	24,75	1,47	1,05	1,56	0,78	0,159	13,15

$_2$Concentração de CEF - 55% P O_5									
9	1:0,3	48,54	25,11	1,60	1,08	1,58	0,79	0,141	10,97
10	1:0,5	49,09	25,39	1,62	1,09	1,60	0,80	0,143	10,19
11	1:0,8	49,68	25,69	1,64	1,10	1,62	0,81	0,145	9,25
12	1:1,0	49,98	25,85	1,65	1,11	1,63	0,82	0,145	8,75

Aumentando o rácio MCF:retorta de 1:0.3 para 1:$_{25}$1 ou aumentando a retorta de 0.3 para 1 O teor de P O aumenta de 42.22% para 45.88%, CaO de 21.85% para 23.74% para uma concentração de ácido de 45%, de 45,$_{25252525}$23% para 47,83% de P O , de 23,40% para 24,75% de CaO para uma concentração ácida de 50% de P O e de 48,54% para 49,68% de P O , de 25,11% para 25,85% de CaO para uma concentração ácida de 55% de P O . $_{23234}$$^{-2}$Os teores de óxidos de magnésio, ferro, alumínio, sulfato e flúor variam menos significativamente e são MgO 1,29-1,65%, Fe O 0,93-1,11%, Al O 1,37-1,63%, SO 0,69-0,82%, flúor 0,141-0,162%, $_{252525}$Considerando que o teor de humidade dos produtos é, consoante a retorta, de 14,41-21,70% para uma concentração ácida de 45% de P O , de 13,15-17,28% para uma concentração ácida de 50% de P O e de 8,75-10,97% para uma concentração ácida de 55% de P O .

$_{25}$As pesquisas mostraram que a secagem da polpa à temperatura de 100-110°C permite receber fosfato monocálcico com o conteúdo de 52,65-55,26% de P O , 26,55-28,33% de CaO e 0,127-0,191% de flúor.

§ 3.4. Esquema tecnológico e balanço material da produção de fosfato monocálcico com base na extração de ácido fosfórico e carbonato de cálcio

Com base nos resultados obtidos, foi desenvolvido o esquema tecnológico e o balanço material da produção de fertilizante e fosfato monocálcico para alimentação animal a partir de EPC dessulfurado, dessulfurado e evaporado obtido a partir de rocha fosfática de CK.

A Figura 3.3 mostra o esquema tecnológico para a produção de fosfato monocálcico desfluorado, para fertilizantes e alimentos para animais [145].

$_{25}$Para obter fosfato monocálcico para fertilizantes, o EFC dessulfurado e dessulfurado é alimentado ao evaporador (pos. 1) e evaporado até ao teor de P O 30-40%. O ácido evaporado é alimentado para neutralização com calcário no reator (pos. 3), a massa resultante é enviada para o tambor de secagem (pos. 7) simultaneamente com a retorta, outros produtos são alimentados para o tambor de arrefecimento (pos. 8), classificados (pos. 9), as grandes fracções são trituradas no triturador (pos. 10) e devolvidas à classificação.

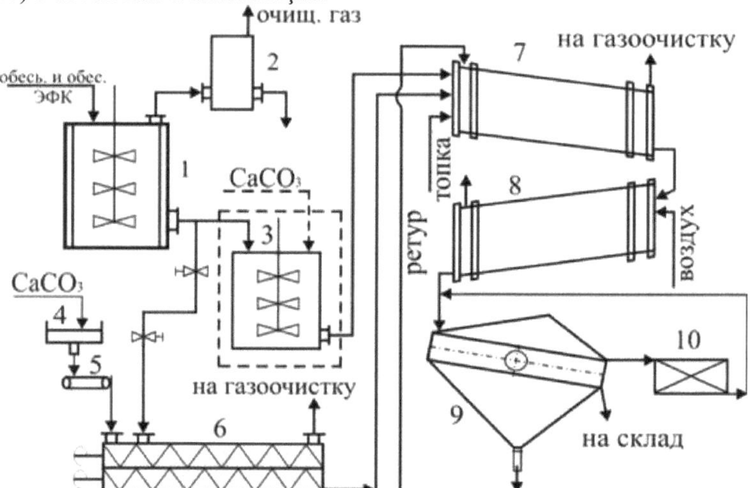

Fig. 3.3. Esquema tecnológico principal de produção de adubo desfluorado e fosfato monocálcico para alimentação animal com base no extrato de ácido fosfórico obtido a partir de fosforitos de Central Kyzylkum: 1 - evaporador; 2 - absorvedor; 3 - reator; 4 - tremonha; 5 - medidor de fluxo; 6 - misturador de parafuso; 7 - tambor de secagem (BGS); 8 - tambor de arrefecimento; 9 - classificador; 10 - triturador.

[25]Para obter o fosfato monocálcico de alimentação, o EFC desfluorado e dessulfatado é introduzido no evaporador (pos. 1) e evaporado até ao teor de P O 45-60%. O ácido evaporado é doseado através do medidor de fluxo (pos. 4) juntamente com calcário no misturador de parafuso (pos. 5), a massa resultante é alimentada no tambor de secagem (pos. 7) simultaneamente com a retorta, outros produtos são dirigidos para o tambor de arrefecimento (pos. 8), classificados (pos. 9), grandes fracções são esmagadas no triturador (pos. 10) e devolvidas para classificação. O produto acabado é entregue no armazém.

Nas Figuras 3.4 e 3.

5 mostra os fluxos de materiais e os balanços de materiais da produção de fosfato monocálcico por métodos de retorta e não retorta.

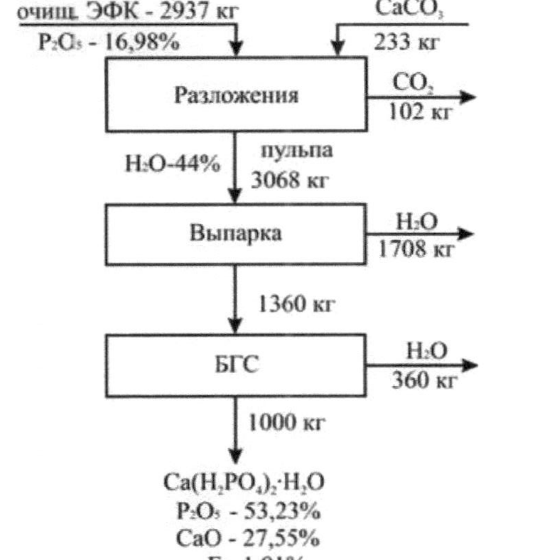

Fig. 3.4. Balanço material da produção de fosfato monocálcico granulado 25(P O 16,98%)

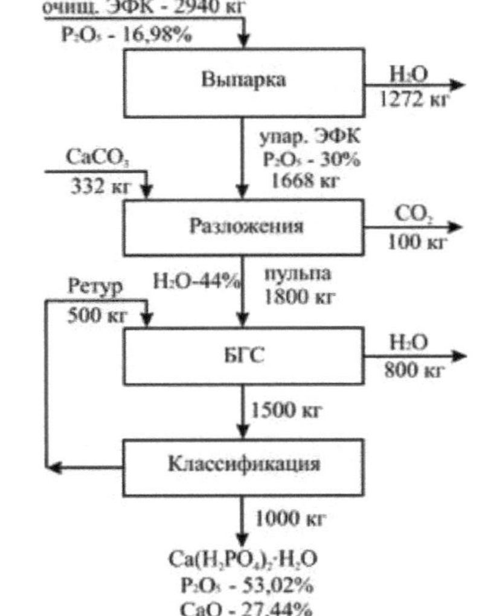

Figura 3.5. 25Balanço material da produção de fosfato monocálcico granulado na presença de retorta (P O 30%)

2525Para obter 1000 kg de fosfato monocálcico é necessário evaporar 2940 kg de EFC purificado até ao teor de 30% de P O e decompor 332 kg de carbonato de cálcio ou 2937 kg de EFC 16,98% P O para evaporar e alimentar o aparelho BGS para granulação e secagem. Este processo produz fosfato monocálcico granulado e desfluorado para fertilizantes.

Para obter fosfato monocálcico para alimentação animal, é necessário utilizar um EFC mais concentrado. A Figura 3.6 mostra o esquema dos fluxos de materiais e o balanço de materiais da produção de fosfato monocálcico para alimentação animal a partir de EFC desfluorado e dessulfatado a uma taxa de 100% [145; https://7universum.com/ru/tech/archive/item/12471].

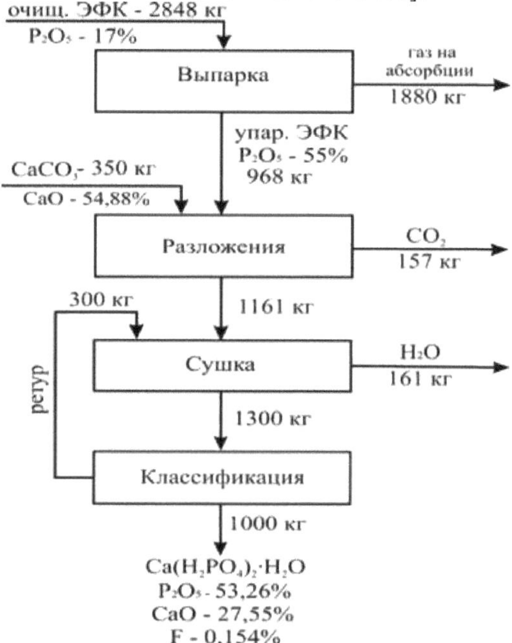

Fig. 3.6. 25Balanço material da produção de fosfato monocálcico para alimentação animal com base no EFC (P O 50%)

Para obter fosfato monocálcico forrageiro, em conformidade com a norma GOST 23999-80, de primeiro grau, são necessários 2848 kg de EFC dessulfurado e dessulfurado ou 968 kg de EFC evaporado para decompor 350 kg de calcário, para secar a ração 1161 kg de fosfato monocálcico húmido e 300 kg de retour (MCP:retour = 1:0.3). Isto resulta em 1000 kg de fosfato monocálcico para alimentação animal após a secagem. A Tabela 3.10 mostra as normas do modo tecnológico de produção de fosfato monocálcico.

Tabela 3.10.

Normas do modo tecnológico de produção de fosfato monocálcico

№	Nome dos parâmetros	Valores
	1. Obtenção de ICF com o aparelho BGS	
	Dessulfuração e desfluoretação de EFC	
1	$_2$Concentração do CEF inicial, em % em peso P O_5	17-21
	Dessulfonação de Uparca e dessulfuração de EFC	
2	$_2$Concentração de EFK, % em peso P O_5	25-40
	Decomposição de carbonato de cálcio por EFCs desfluorados e dessulfatados	
3	$_3$Teor de calcário, CaCO %	96-98
4	Diâmetro das partículas de calcário, mm	0,1-1,0
5	Taxa de CEF, % em peso	100-103
6	Temperatura do processo de decomposição, °C	80-100
7	Tempo de permanência da lama no reator, min	30-60
	Granulação e secagem de fosfato monocálcico	
8	Teor de humidade residual na pasta, %	25-35
9	Taxa de retorno, retorno: lama de fosfato monocáustico	(0,4-1,0):1
10	Temperatura do processo de secagem, °C	100-110
11	Tempo de secagem, min.	20-45
	2. Obtenção de ICFs utilizando os aparelhos BG e BS	
	Decomposição de carbonato de cálcio por EFCs desfluorados e dessulfatados	
1	$_2$Concentração de EFK, % em peso P O_5	45-55
2	Taxa de CEF, % em peso	100-103
3	Temperatura do processo de decomposição, °C	80-100
4	Tempo de permanência da lama no reator, min	30-60

Granulação e secagem de fosfato monocálcico		
5	Teor de humidade residual na pasta, %	6-20
6	Rácio de retour, retour:lama de fosfato de monocaecium	(0,2-0,4):1
7	Temperatura do processo de secagem, °C	100-110
8	Tempo de secagem, min.	30-60

Assim, com base nos resultados científicos obtidos, são estabelecidas as normas do modo tecnológico, é desenvolvido o esquema tecnológico de produção e são efectuados cálculos técnicos e económicos preliminares.

§ 3.5. Propriedades físico-químicas e comerciais do fosfato monocálcico obtido

25Para efetuar a investigação através de métodos físico-químicos de análise, o fosfato monocálcico para alimentação animal foi obtido a partir de carbonato de cálcio e desfluorado, dessulfatado, evaporado a 45-55% de P O EFC na norma - 95-100%. Para verificar a pureza do fosfato monocálcico para alimentação animal obtido, foram tiradas e analisadas radiografias de raios X e espectros de infravermelhos (Figuras 3.7 e 3.8).

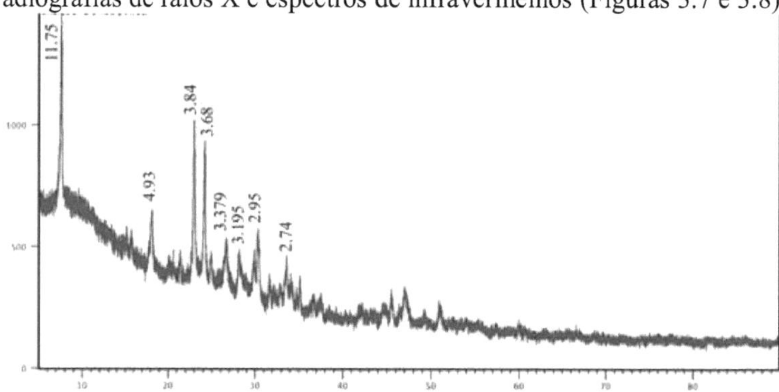

Figura 3.7. Radiografia de fosfato monocálcico para alimentação

No radiograma de raios X (Fig. 3.242222222427) apenas se verificam máximos de difração caraterísticos do fosfato monocálcico com distâncias interplanares de 11,75, 4,93, 3,379, 3,195, 2,95 Å Ca(H RO) ·H O, e, 3,84 e 3,68 Å Mg(H RO) ·6H O e NaH PO ·H O.

$_{4}^{-1-1}$No espetro de IV (Fig. 3.8) encontram-se frequências de vibrações que caracterizam vibrações relacionadas com RO 440,54-1077,68 cm e água cristalina - 1647,11-2897,93 cm .

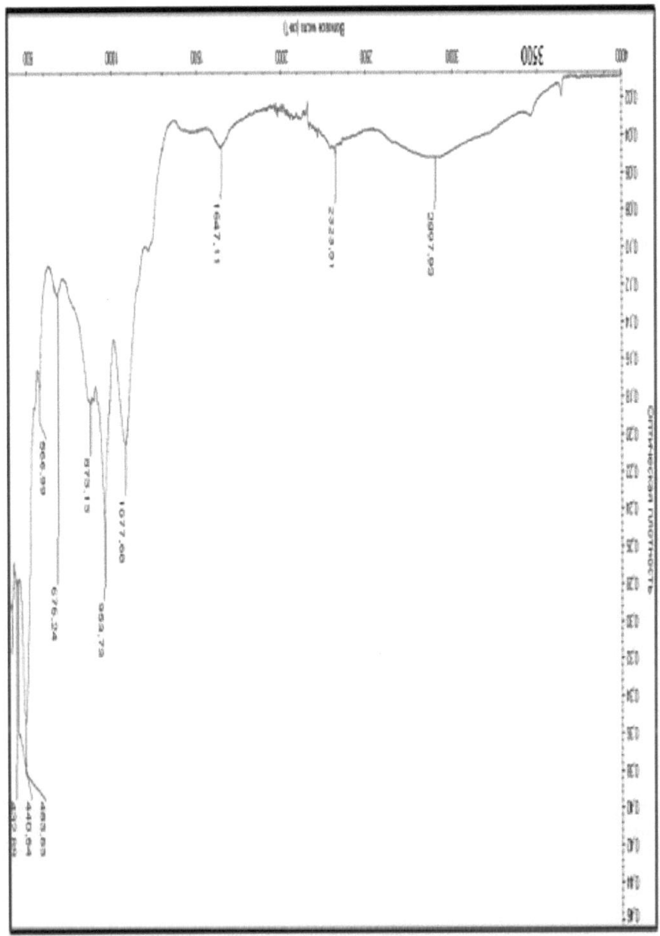

Figura 3.8. Espectro de infravermelhos do fosfato monocálcico de alimentação

A Figura 3.9 e a Tabela 3.11 mostram os principais componentes do fosfato monocálcico obtido com base em EPC dessulfurado e dessulfurado de fosforitos CK e calcário com método em linha [155; P. 70].

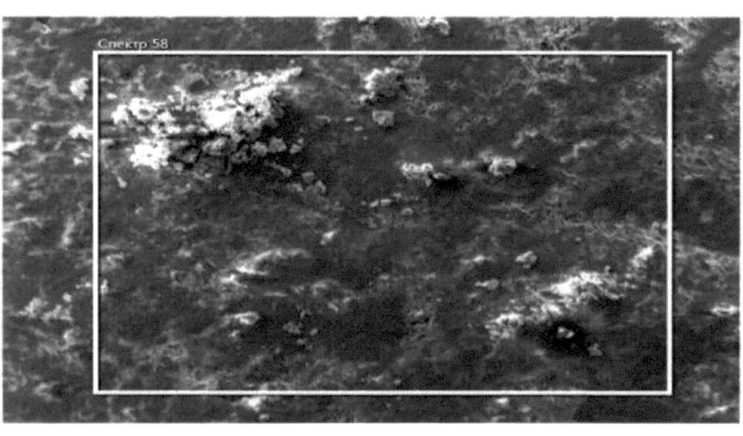

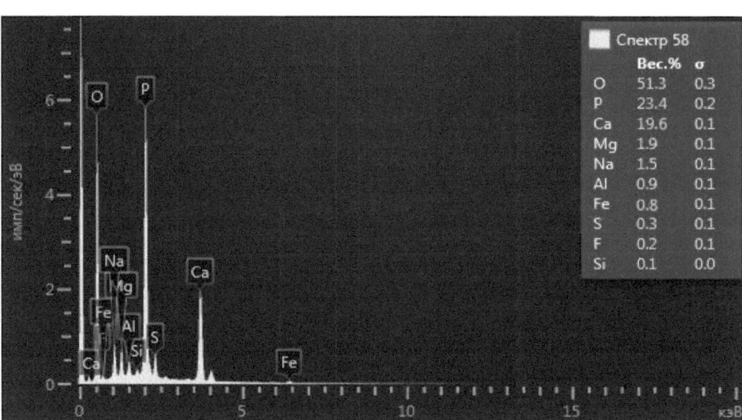

Figura 3.9. Análise microscópica de varrimento fosfato monocálcico para alimentos para animais

Tabela 3.11.

Composição química do fosfato monocálcico

Elemento	Peso: %.	Sigma, Peso. %
O	51.28	0.29
F	0.11	0.06
Na	1.51	0.09
Mg	1.89	0.07
Al	0.92	0.05
Si	0.11	0.03
P	23.38	0.22
S	0.31	0.07
Ca	19.68	0.15
Fe	0.81	0.08
Resumo:	100.00	

A análise microscópica de varrimento do fosfato monocálcico mostra o seguinte conteúdo de elementos de composição: O-51,28%, F-0,11%; Na-1,51%; Mg-1,89%; Al-0,92%; Si-0,11%; P-23,38%; Ca-19,68%, S-0,31%, o que corresponde ao seu conteúdo no fosfato monocálcico alimentar.

[25]Assim, os estudos realizados estabeleceram a possibilidade de obter fosfato monocálcico forrageiro por decomposição de EFC de carbonato de cálcio pré-desfluorado, dessulfatado e evaporado nas seguintes condições óptimas: concentração de EFC - 45-55% P O , taxa de carbonato de cálcio - 95-100%, relação de retorta 1,0:0,3-1,0, temperatura de secagem não superior a 100-110°C.

§ 3.6 Investigação do processo de produção de fosfato monocálcico cristalino com base em ácido fosfórico extraído a alta velocidade

[25]Com o objetivo de obter fosfato monocálcico dessulfurado na forma cristalina, sem impurezas estranhas, foi investigado o processo de decomposição de calcário por EFC dessulfurado e dessulfurado a partir de fosforitos CK, pré-propagado até ao teor de 40-55% de P O à sua taxa de 300-500% da estequiometria para a formação de fosfato monocálcico.

O processo foi estudado numa instalação laboratorial constituída por um reator, um agitador mecânico e um termóstato a uma temperatura de 95-100°C e uma duração de processo de 3 horas. Depois de atingido o tempo especificado, a massa de fosfato foi filtrada à temperatura da experiência para separar o resíduo insolúvel, o filtrado foi arrefecido a uma temperatura de 60-70°C e separou-se o fosfato monocálcico cristalino, lavado com água e seco a uma temperatura de 100-110°C.

O processo de obtenção de fosfato monocálcico por decomposição de calcário com ácido fosfórico concentrado segue a equação bem conhecida:

$$CaCO_3 + 2H_3RO_4 = Ca(H_2RO_4)_2 + H_2O + CO_2$$

O licor-mãe, após a separação dos cristais de fosfato monocálcico, contém sal de cálcio dissolvido em ácido fosfórico, e o resíduo insolúvel contém calcário não decomposto.

O diagrama de blocos do método de circulação para a obtenção de fosfato monocálcico cristalino e dessulfurado é apresentado na Figura 3.10.

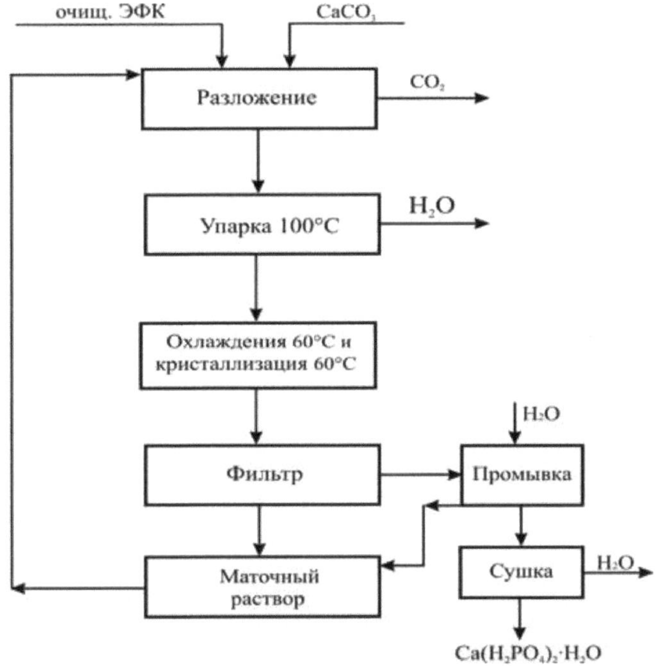

Fig. 3.10. Diagrama de blocos da produção de fosfato monocálcico cristalino com base em CKC EFC evaporado e calcário a uma taxa de 400%

25De acordo com este esquema, o fosfato monocálcico cristalino foi obtido a taxas de 300-500% do extrato embalado de ácido fosfórico contendo 45, 50 e 55% de P O (Tabela 3.12).

25A massa de ácido fosfórico da decomposição de calcário 45% por P O ácido fosfórico nas taxas de 300 e 400% da estequiometria praticamente não é filtrada. Um padrão semelhante é observado a uma taxa de 55% de ácido fosfórico 300%. 2525Os melhores resultados de filtragem são observados quando se utiliza 50% de ácido fosfórico P O a taxas de 300-500% e quando se utiliza 55% de ácido fosfórico P O a 500%. ^{2}25общ.25св.Neste caso, a remoção de lamas de fosfato monocálcico é de 330-450 kg/m ·h e o teor de P O é de 53,6-54,8%, P O 11,2 - 14,5%, CaO 16,6 - 17,5%.

Tabela 3.12.

Influência da concentração de ácido fosfórico de extração evaporada na qualidade do fosfato monocálcico (temperatura 60°C)

$_{34}$Norm a H RO , % de stx.	$_{34}$H RO , $_{2}$% P O$_{5}$	Conteúdo, %			Taxa de filtragem		
		$_{2}$P O$_{5}$		Ca O	Duração, seg	Peso das lamas, g	^{2}Remoção de lamas, kg/m - h
		Com um.	Swob .				
300	45	52,6	16,1	16,7	não filtrado		
400		52,8	12,0	18,9	não filtrado		
300	50	53,6	14,5	16,7	240	17,5	330
400		53,9	13,7	17,3	240	17,5	330
500		54,3	11,3	17,5	250	17,9	380
300	55	53,8	15,9	14,6	não filtrado		
400		55,7	12,0	15,3	280	17,2	180
500		54,8	11,2	16,6	130	17,8	450

A Tabela 3.13 mostra os resultados do estudo do efeito da temperatura de arrefecimento no processo de cristalização do fosfato monocálcico, sua composição e taxa de filtração.

A tabela mostra que a temperatura de arrefecimento afecta significativamente o processo de formação de cristais de fosfato monocálcico. A uma temperatura de arrefecimento do filtrado até 40°C formam-se pequenos cristais, que são mal filtrados ou praticamente não são filtrados. Obtêm-se bons resultados na filtração do fosfato monocálcico quando se arrefece o filtrado a uma temperatura de 60-100°C. $_{25}^{2}$$_{25}^{2}$$_{25}^{2}$As taxas de filtração sob estas condições são para 45% P O 470-550 kg/m ·h, para 50% P O 680-820 kg/m ·h, 55% P O 760-960 kg/m ·h. $_{25обш}$O $_{25}$teor de P O varia de 53,2% a 55,1%, a forma livre de P O é de 19,0-4,6% e o teor de CaO é de 16,2-19,2%.

Quadro 3.13

Influência da concentração de EFC evaporado na qualidade do fosfato monocálcico

T, °C	Conz. $_{342}$N RO , % P O$_5$	Conteúdo, %			Taxa de filtragem		
		$_2$P O$_5$		CaO	Duração, seg	Peso das lamas, g	[2]Remoção de lamas, kg/m - h
		Com um.	Swob.				
40	45	51,3	21,2	13,7	não filtrado		
60		52,8	12,0	18,9	não filtrado		
80		53,2	18,3	16,2	180	19,0	470
100		53,8	19,0	17,2	120	18,6	550
60	50	53,9	13,7	17,3	240	17,5	230
80		54,2	12,0	18,5	45	28,0	680
100		54,7	9,4	18,9	30	27,6	820
60	55	53,8	15,9	14,6	não filtrado		
80		55,1	15,4	16,9	30	30,0	760
100		54,8	4,6	19,2	20	27,5	960

$_{25}$O elevado teor de P O livre não permite a utilização do fosfato monocálcico em forragens mistas e como aditivo de fosfato de cálcio em alimentos para animais, aves e peixes. Para reduzir a acidez do fosfato monocálcico, este foi neutralizado com calcário (quadro 3.14).

$_{2525}$Na neutralização do fosfato monocálcico cristalino, recebido com utilização de 50 % de P O EFC a uma taxa de 400 % com calcário em quantidade 10 e 15 % do peso do fosfato monocálcico, o teor de P O livre diminui de 13,7 % para 5,2 % na cristalização do fosfato monocálcico à temperatura de 60°C e de 12,0 % para 4,7 % na cristalização do fosfato monocálcico à temperatura de 80°C. O pH da solução a 10% de fosfato monocálcico cristalino neutralizado aumenta de 2,6 para 3,3 e de 2,5 para 3,5.

Quadro 3.14

Efeito do carbonato de cálcio na acidez e na comercialização do fosfato monocálcico

$_3$CaC O , % de massa	Conz. $_{342}$N RO , % P O$_5$	$_{34}$Norma H RO , % de stech.	°C	pH	Conteúdo, %		
					$_2$P O$_5$		CaO
					Comu m.	Swob .	
0	50	400	60	2,6	53,3	13,7	17,3
10				3,1	55,6	10,3	18,4
15				3,3	54,2	5,2	20,3
0	50	400	80	2,5	54,2	12,0	18,5
10				3,2	56,0	9,8	18,5
15				3,5	54,9	4,7	21,0
0	55	300	60	2,3	54,0	16,1	13,8
10				3,0	52,2	6,6	15,4
15				3,25	51,3	3,1	16,9
0	55	400	60	2,2	56,9	20,0	12,5
10				3,0	55,6	8,7	16,3
15				3,1	53,5	5,4	17,5
20				3,3	52,1	2,5	18,7
0	55	400	80	2,2	56,8	19,8	12,1
10				2,8	54,1	8,6	16,5
15				3,2	53,5	5,3	18,3
20				3,5	52,3	2,6	19,8

$_{2525}$Quando o fosfato monocálcico cristalino obtido com ácido fosfórico a 55% em P O foi neutralizado, o conteúdo de P O livre foi reduzido de 16,1% para 3,1% a uma taxa de ácido de 300% e uma temperatura de cristalização de 60°C.

$_{25CB.}$Na neutralização do fosfato monocálcico cristalino obtido a uma taxa de acidez de 400%, o teor de P O diminui de 20,0% para 2,5% e de 19,8% para 2,6%, respetivamente, para o fosfato monocálcico obtido a temperaturas de cristalização de 60 e 80°C.

$_{25}$Assim, em condições laboratoriais, foi estabelecida a possibilidade de obter fosfato monocálcico cristalino para forragem, foram determinados os parâmetros tecnológicos óptimos de todas as fases do processo: concentrações de EFC 45-55% P O , norma 350-500%, temperatura - 100°C, duração do processo 180-300 min.

§ 3.7. Estudo do processo de extração do fosfato monocálcico cristalino

Foram efectuados ensaios semelhantes para a obtenção de fosfato monocálcico (a taxa de arrefecimento foi regulada a partir de 65 C). Os resultados obtidos são apresentados nos quadros 3.15-3.16.

Pode ser visto a partir dos resultados obtidos que o principal fator que afecta a taxa de filtração do fosfato monocálcico é a taxa de arrefecimento das soluções. °°Diminuindo a taxa de arrefecimento da solução de 15 para 5,0 C/hora a uma concentração de solução de 55% e a uma temperatura de processo de 60 C, o tempo de filtração diminui de 1,68 min para 0,53 min. °3Diminuindo a taxa de arrefecimento da solução de fosfato monocálcico de 15 para 5,0 C/hora, a remoção de lamas aumenta de 330 para 750 kg/m -hora para uma concentração de solução de 60%.

°A alteração da concentração e da temperatura da solução na gama de 55-60% e 60-65 C não tem qualquer efeito percetível sobre o carácter da alteração do tempo de filtração e da remoção de lamas. Taxas de arrefecimento mais lentas favorecem a precipitação de menos impurezas. 32323À medida que a taxa de arrefecimento diminui, a quantidade de impurezas SO , MgO, Al O , Fe O e F no produto diminui para cerca de metade. O aumento da concentração das soluções acima de 55% leva a um aumento do teor de impurezas no produto acabado.

Quadro 3.15

Efeito da concentração da solução, da temperatura e da taxa de arrefecimento nos parâmetros tecnológicos de cristalização e na composição química do fosfato monocálcico

C, %	Tempe- A sua natureza, °C	Velocidade arrefecimento, °C/hora	De forma correspondente. costura G:T.	Tempo filtro-i. 200 ml, min	Retirada lama, ²kg/m -h	Composição química do produto, em % em peso						
						25	SO_3	CaO	MgO	$_2Al\ O_3$	$_2Fe\ O_3$	F
Inicial			-		-	50,01	0,768	4,366	1,709	1,332	0,860	0,171
55	60	15,0	7,72	1,63	330	54,20	0,190	18,70	0,067	0,096	0,085	0,014
		10,0	7,81	0,95	580	54,46	0,185	18,81	0,062	0,087	0,078	0,012
		5,0	7,86	0,53	750	54,52	0,182	18,84	0,060	0,081	0,074	0,009
	65	15,0	8,91	1,77	350	54,41	0,192	18,35	0,069	0,097	0,088	0,014
		10,0	9,05	1,04	610	54,62	0,183	18,27	0,064	0,089	0,081	0,011
		5,0	9,11	0,58	780	54,65	0,181	18,21	0,062	0,083	0,077	0,009
Inicial			-	-	-	55,00	0,845	4,80	1,880	1,465	0,946	0,160
60	60	15,0	6,60	1,10	580	54,53	0,189	18,22	0,067	0,094	0,083	0,013
		10,0	6,68	0,67	710	54,71	0,181	18,10	0,062	0,086	0,078	0,011
		5,0	6,71	0,40	890	54,73	0,180	18,08	0,060	0,081	0,075	0,009
	65	15,0	7,61	1,00	640	54,88	0,187	18,15	0,065	0,092	0,080	0,012
		10,0	7,70	0,60	790	55,03	0,180	18,03	0,061	0,084	0,075	0,010
		5,0	7,74	0,35	980	55,06	0,179	17,99	0,059	0,080	0,074	0,008

Quadro 3.16

Grau de transição dos componentes da solução para o produto e composição química do licor-mãe após a cristalização do fosfato monocálcico

C, %	Tempe- A sua natureza, °C	Velocidade arrefecimento, °C/hora	Grau de transição dos componentes para o produto, %							Composição química do licor-mãe, em % em peso						
			25	SO_3	CaO	MgO	$_2Al\,O_3$	$_2Fe\,O_3$	F	25	SO_3	CaO	MgO	$_2Al\,O_3$	$_2Fe\,O_3$	F
55	60	15,0	18,24	4,76	67,64	0,80	0,16	1,96	0,87	31,61	0,498	1,166	1,105	0,87	0,56	0,707
		10,0	18,19	4,72	67,53	0,79	0,15	1,94	0,85	31,56	0,501	1,162	1,108	0,89	0,58	0,709
		5,0	18,17	4,71	67,51	0,78	0,14	1,93	0,82	31,54	0,502	1,159	1,110	0,90	0,59	0,712
	65	15,0	18,78	4,88	68,35	0,83	0,17	2,00	0,91	31,34	0,491	1,147	1,162	0,92	0,61	0,715
		10,0	18,71	4,84	68,21	0,82	0,16	1,98	0,89	31,28	0,494	1,142	1,167	0,95	0,63	0,717
		5,0	18,68	4,83	68,15	0,81	0,15	1,97	0,86	31,25	0,495	1,140	1,169	0,96	0,64	0,719
60	60	15,0	19,23	4,96	69,60	0,86	0,22	2,09	0,96	32,13	0,479	1,184	1,182	0,98	0,67	0,725
		10,0	19,17	4,93	69,47	0,83	0,21	2,04	0,94	32,18	0,474	1,181	1,187	1,00	0,70	0,729
		5,0	19,15	4,92	69,43	0,82	0,20	2,02	0,91	32,20	0,471	1,180	1,189	1,01	0,71	0,731
	65	15,0	19,86	5,04	70,25	0,91	0,27	2,15	0,99	32,02	0,473	1,178	1,179	1,04	0,73	0,733
		10,0	19,79	5,02	70,13	0,89	0,23	2,12	0,96	32,08	0,468	1,175	1,174	1,07	0,75	0,737
		5,0	19,77	5,01	70,12	0,88	0,21	2,11	0,94	32,10	0,465	1,174	1,172	1,08	0,76	0,740

Os licores-mãe após a cristalização do fosfato monocálcico podem ser reutilizados, após concentração, para a cristalização do fosfato monocálcico.

Assim, os resultados da investigação mostram que os parâmetros óptimos para a obtenção de fosfato monocálcico para alimentação animal são a concentração da suspensão de pelo menos 60%, o arrefecimento da suspensão a uma taxa não superior a 5,0 ° C / h a uma temperatura de 60-65 ° C, e os produtos resultantes cumprem plenamente os requisitos do GOST 23999-80 para fosfatos para alimentação animal.

§ 3.8. Investigação da multiplicidade de utilização do licor-mãe

$_{25}$Com o objetivo de aumentar o rendimento de P O no produto e de obter um produto que cumpra os requisitos da documentação regulamentar, foi estudada a influência da reutilização do licor-mãe na composição do fosfato monocálcico cristalino obtido de alimentação e de pureza superior. Neste caso, o licor-mãe após a cristalização do produto da fase anterior foi sujeito a evaporação até uma determinada concentração (Tabelas 3.17 e 3.18).

Durante as experiências, utilizámos soluções sujeitas a concentração após a sua obtenção por neutralização da solução dessulfurada e dessulfatada de EFC da rocha fosfática de CK com carbonato de cálcio a uma taxa de 400 % da estequiometria para a formação de fosfato monocálcico. Nas experiências, 200 g de uma solução a 55 % de fosfato monocálcico, a uma temperatura de 90 °C, foram vertidos num reator com camisa de água, arrefecido com água. Após arrefecimento até 60 °C, com agitação constante da solução, o fornecimento de refrigerante foi reduzido, arrefecendo a uma taxa de 5,0 °C/hora. ^{2}Quando a temperatura atingiu 60 °C, o arrefecimento foi interrompido e a suspensão foi separada num funil de Buechner (superfície de filtragem de 0,005 m).

Os cristais presentes no filtro foram pressionados por sucção de ar durante 2 minutos. Os cristais no filtro foram lavados com acetona e secos a 100 C durante 1 h.

Quadro 3.17

Influência da reutilização do licor-mãe na composição do produto obtido

Estágio	Amostra	Composição química, % em peso						
		25	SO_3	CaO	MgO	$_2$AL OH_3	$_2$Fe O_3	F
EFC inicial		17,0	0,230	1,58	0,490	0,38	0,25	0,310
1	Inicial	50,0	0,676	4,647	1,440	1,118	0,735	0,909
	Cristais	54,20	0,190	18,70	0,067	0,096	0,085	0,009
	Solução	31,61	0,498	1,166	1,105	0,870	0,560	0,673
2	Inicial	27,03	0,415	2,36	0,924	0,720	0,465	0,557
	Cristais	54,14	0,192	18,72	0,070	0,098	0,086	0,010
	Solução	31,64	0,570	0,955	1,313	1,028	0,655	0,788
3	Inicial	27,01	0,464	2,358	1,069	0,830	0,530	0,637
	Cristais	54,11	0,195	18,75	0,073	0,099	0,088	0,012
	Solução	31,66	0,057	0,956	1,523	1,191	0,750	0,903
4	Inicial	26,99	0,510	2,50	1,215	0,940	0,598	0,716
	Cristais	53,81	0,430	19,30	0,081	0,112	0,104	0,014
	Solução	31,755	0,679	1,09	1,732	1,34	0,844	1,013

Quadro 3.18

Efeito da reutilização do licor-mãe no desempenho do processo

Estágio	De forma correspondente. costura	Tempo filtragem, min.	Retirada da lama, ^{2}kg/m-h	Grau de conversão em produto, % em peso						
				25	SO_3	CaO	MgO	$_2$AL OH_3	$_2$Fe O_3	F

	G:T.									
1	7,72	0,78	589	18,17	4,71	67,51	0,78	0,14	1,93	1,33
2	7,72	0,71	561	18,16	4,15	71,72	0,66	0,12	1,65	1,14
3	7,72	0,68	552	18,15	3,71	71,70	0,57	0,10	1,45	1,00
4	7,71	1,25	420	17,99	7,58	69,64	0,60	1,07	1,57	1,39

32323A partir dos dados experimentais (Tabelas 3.17 e 3.18), pode-se ver que, durante a reutilização tripla da solução-mãe, o aumento no grau de transição de impurezas para os cristais do produto é relativamente baixo e é, %: para SO - 4,19; MgO - 0,67; Al O - 0,12; Fe O - 1,68 e F - 0,82. Isto deve-se ao facto de, durante a reutilização do licor-mãe, o teor de impurezas do produto aumentar gradualmente. 25O rendimento de P O no fosfato monocálcico de alimentação qualificado é de 67,51%.

Assim, a reutilização tripla do licor-mãe reciclado pode ser considerada óptima, o que garante a produção de fosfato monocálcico alimentar que cumpre os requisitos da norma GOST 23999-80.

§ 3.9. Estudo das propriedades reológicas de soluções cristalinas de fosfato monocálcico

Investigações das propriedades reológicas dos produtos durante a decomposição do carbonato de cálcio a uma taxa crescente de EFC. A taxa de EFC variou de 300 a 450% e a temperatura de 40 a 100°C. Os dados experimentais são apresentados nas Tabelas 3.19 e 3.20.

A Tabela 3.19 mostra as propriedades reológicas da suspensão de fosfato monocálcico.

Tabela 3.19.

Efeito da taxa de extração de ácido fosfórico e da temperatura na densidade e viscosidade da lama formada durante a decomposição do carbonato de cálcio a uma taxa de ácido elevada

№	Normas CEF, %	Densidade, g/cm^3					Viscosidade, mPa.s				
		40°C	60°C	80°C	90°C	100°C	40°C	60°C	80°C	90°C	100°C

1	450	1,263	1,252	1,244	1,241	1,239	3,234	2,258	1,487	1,256	1,245
2	400	1,320	1,308	1,300	1,297	1,295	3,593	2,509	1,652	1,395	1,379
3	375	1,379	1,367	1,358	1,355	1,352	6,314	4,243	2,904	2,358	1,344
4	350	1,434	1,421	1,412	1,409	1,406	9,035	5,977	4,156	3,322	3,309
5	325	1,480	1,467	1,458	1,455	1,452	12,055	7,975	5,546	4,432	4,415
6	300	1,527	1,513	1,504	1,500	1,497	17,753	11,746	8,167	6,527	6,502

[o3]À medida que a taxa de EFC da suspensão diminui, a densidade e a viscosidade aumentam ligeiramente e são 1,263-1,527 g/cm e 3,234-17,753 mPa-s a 40 C.

O aumento da temperatura da suspensão leva a uma diminuição da densidade e da viscosidade da suspensão. [o33]A uma taxa de EFC de 450%, aumentando a temperatura de 40 para 100 C, a densidade diminui de 1,263 g/cm para 1,239 g/cm, e a viscosidade nestas condições diminui de 3,234 mPa-s para 1,245 mPa-s. Este facto indica propriedades reológicas aceitáveis da suspensão de fosfato monocálcico.

A Tabela 3.20 mostra as propriedades reológicas do licor-mãe após a filtração da suspensão de fosfato monocálcico cristalino.

Tabela 3.20.

Efeito da taxa de extração de ácido fosfórico e da temperatura na densidade e viscosidade da lama formada durante a decomposição do carbonato de cálcio a uma taxa de ácido elevada

№	Normas CEF, %	Densidade, g/cm³					Viscosidade, mPa·s				
		40°C	60°C	80°C	90°C	100°C	40°C	60°C	80°C	90°C	100°C
1	450	1,175	1,164	1,157	1,154	1,151	3,008	2,099	1,383	1,268	1,206
2	400	1,228	1,217	1,209	1,206	1,203	3,341	2,333	1,536	1,397	1,327
3	375	1,282	1,271	1,263	1,260	1,257	5,872	3,946	2,701	2,193	2,084
4	350	1,334	1,322	1,313	1,310	1,307	8,402	5,559	3,865	3,089	2,935
5	325	1,376	1,364	1,356	1,353	1,349	11,211	7,417	5,158	4,122	3,875

6	300	1,42 0	1,407	1,399	1,395	1,392	16,51 0	10,92 4	7,595	6,069	5,644

o3À medida que a taxa de EFC da suspensão diminui, a densidade e a viscosidade aumentam ligeiramente e são 1,175-1,420 g/cm e 3,008-16,510 mPa-s a 40 C.

O aumento da temperatura da suspensão leva a uma diminuição da densidade e da viscosidade da suspensão. o33A uma taxa de EFC de 450% de aumento da temperatura de 40 para 100 C, a densidade diminui de 1,175 g/cm para 1,151 g/cm e a viscosidade nestas condições diminui de 3,008 mPa-s para 1,206 mPa-s. Este facto indica propriedades reológicas aceitáveis da suspensão de fosfato monocálcico.

De acordo com os resultados dos estudos efectuados, foi estabelecido que, dentro de todos os parâmetros tecnológicos estudados, os valores da densidade e da viscosidade da suspensão de fosfato monocálcico e dos licores-mãe obtidos após a filtração têm uma fluidez elevada e permitem o seu transporte por dispositivos de bombagem sem quaisquer restrições.

§ 3.1.0. Balanço material da produção de fosfato monocálcico cristalino

O balanço material da produção de fosfato monocálcico cristalino por métodos cíclicos a uma taxa crescente de ácido fosfórico é apresentado na Figura 3.11.

25Na primeira etapa, 17544 kg de EFC purificado são evaporados a 50% de P O . Formam-se pequenos cristais de fosfato monocálcico na solução. Para melhorar o processo de filtração, o EFC evaporado é mantido sob agitação durante 3 horas e filtrado. Formam-se cristais de fosfato monocálcico na quantidade de 1403 kg, devido ao teor de CaO no ácido inicial, lavados com água na quantidade de 2807 kg, secos e obtêm-se 1000 kg de fosfato monocálcico cristalino. O filtrado é misturado com a água de lavagem e introduzido na segunda fase de decomposição do calcário.

Para o efeito, 7720 kg de licor-mãe da primeira fase são misturados com 3200 kg de EFC purificado e 220 kg de calcário. 25A mistura é evaporada até 50 % de P O , cristalizada e 5695 kg de suspensão de fosfato monocálcico em ECP são filtrados. O precipitado de 1403 kg é lavado com 2807 kg de água, seco e obtêm-se 1000 kg de fosfato monocálcico cristalino. A água de lavagem e o filtrado sob a forma de licor-mãe são utilizados para a decomposição de uma nova porção de calcário.

Fig. 3.11. Balanço material da produção de fosfato monocálcico cristalino

Foram estabelecidas as normas óptimas do modo tecnológico de produção de fosfato monocálcico para alimentação animal com base em EPC a partir de rocha fosfática de fosforitos CK, que são apresentadas no Quadro 3.22.

Quadro 3.22

Normas do modo tecnológico de produção de fosfato monocálcico granulado e cristalino para alimentação animal

№	Nome dos parâmetros	Valores dos parâmetros
Fosfato monocálcico cristalino para alimentos para animais		
1.	$_2$Concentração de CEF, % P O_5	45-55
2.	Taxa de CEF, %	300-500
3.	Temperatura do processo de decomposição, °C	80-100
4.	Tempo de permanência da lama no reator, min	180-300
Evaporação de lamas e cristalização de fosfato monocálcico		
5.	Teor de água residual na pasta, %	40-50
6.	Temperatura do processo de embalagem, °C	100-105
7.	Temperatura de cristalização do fosfato monocálcico, °C	60-80
8.	Rácio L:T na pasta	2,5-3,5
Filtração e lavagem de cristais de fosfato monocálcico		
9.	Vácuo de filtração, kgf/cm^2	0,45-0,65
10.	Consumo de água para a lavagem das lamas, toneladas/t de lamas secas	0,4-0,7
11.	Humidade dos cristais de fosfato monocálcico, %	10-15

12.	^{3}Densidade do licor-mãe, g/cm	1250-1400
	Neutralização e secagem de cristais de fosfato monocálcico	
13.	Consumo de carbonato de cálcio para neutralização da acidez livre, t/t de lamas secas	0,1-0,15
14.	Temperatura de secagem, °C	100-110
15.	Tempo do processo de secagem, min	10-20

$_{2525}$Assim, foram estabelecidos os parâmetros tecnológicos óptimos para a obtenção de fosfato monocálcico cristalino por decomposição de calcário purificado de flúor e sulfatos 45-55% P O EFC a partir de fosforitos CK: temperatura de decomposição - 100°C, taxa de ácido - 400%, duração do processo 180-300 min, em que o produto é obtido com o conteúdo - 54,2% P O ; 18,7% CaO; 0,012% F.

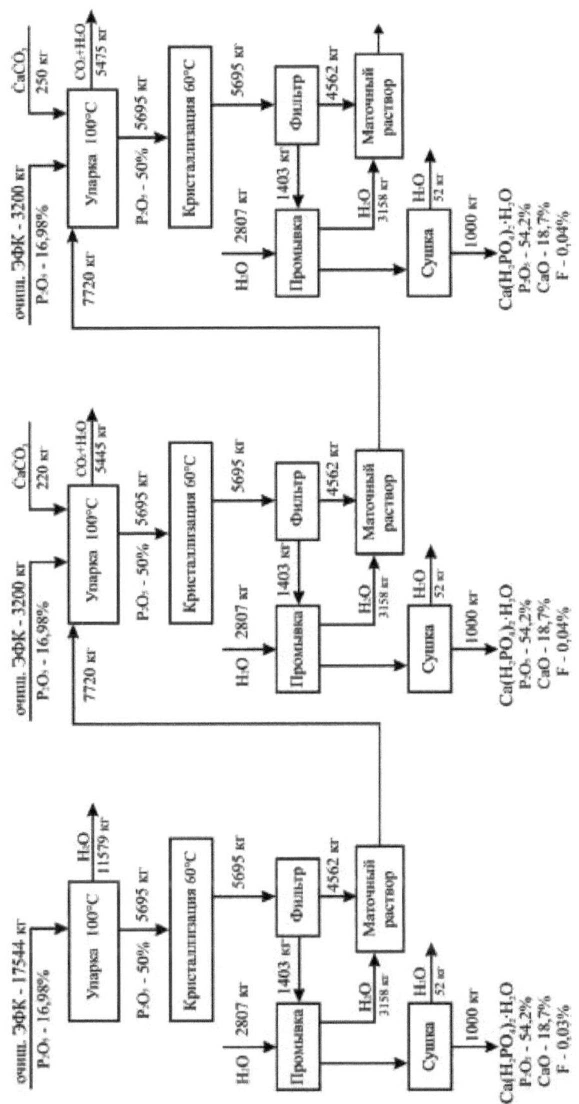

§ 3.11. Estudos físico-químicos do fosfato monocálcico cristalino obtido

Para efetuar investigações por métodos físico-químicos de análise, o fosfato monocálcico cristalino foi obtido por decomposição de calcário com EFC concentrado a uma taxa crescente. $_{2525}$Foi demonstrado que a concentração de EFC purificado é de 45-55% de P O e a taxa de 400% de fosfato monocálcico com o conteúdo de 54-55% de P O e 0,009-0,02% de flúor é obtida.

O padrão de difração de raios X (Figura 3.12) mostra apenas máximos de difração caraterísticos do fosfato monocálcico com distâncias interplanares de 11,75, 4,93, 3,007, 2,95 Å.

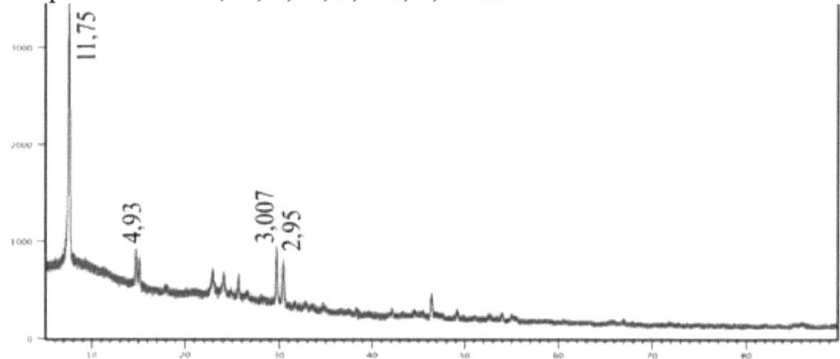

Fig. 3.13. Diagrama de raios X do fosfato monocálcico cristalino

$_{4}^{-1-1}$No espetro de IV (Fig. 3.14) encontram-se frequências de vibrações que caracterizam as vibrações relacionadas com a RO 440,54-1077,68 cm e com a água cristalina - 1647,11-2897,93 cm .

A imagem microscópica eletrónica dos cristais de fosfato monocálcico obtidos após a separação do licor-mãe, bem como os resultados da sua análise química elementar, são apresentados na Figura 3.15 e na Tabela 3.22. A análise microscópica de varrimento do fosfato monocálcico cristalino mostra o seguinte teor de elementos de composição: O-51,28%, F-0,11%; Na-1,51%; Mg-1,89%; Al-0,92%; Si-0,11%; P-23,38%; S-0,31%, o que corresponde ao seu teor no fosfato monocálcico alimentar.

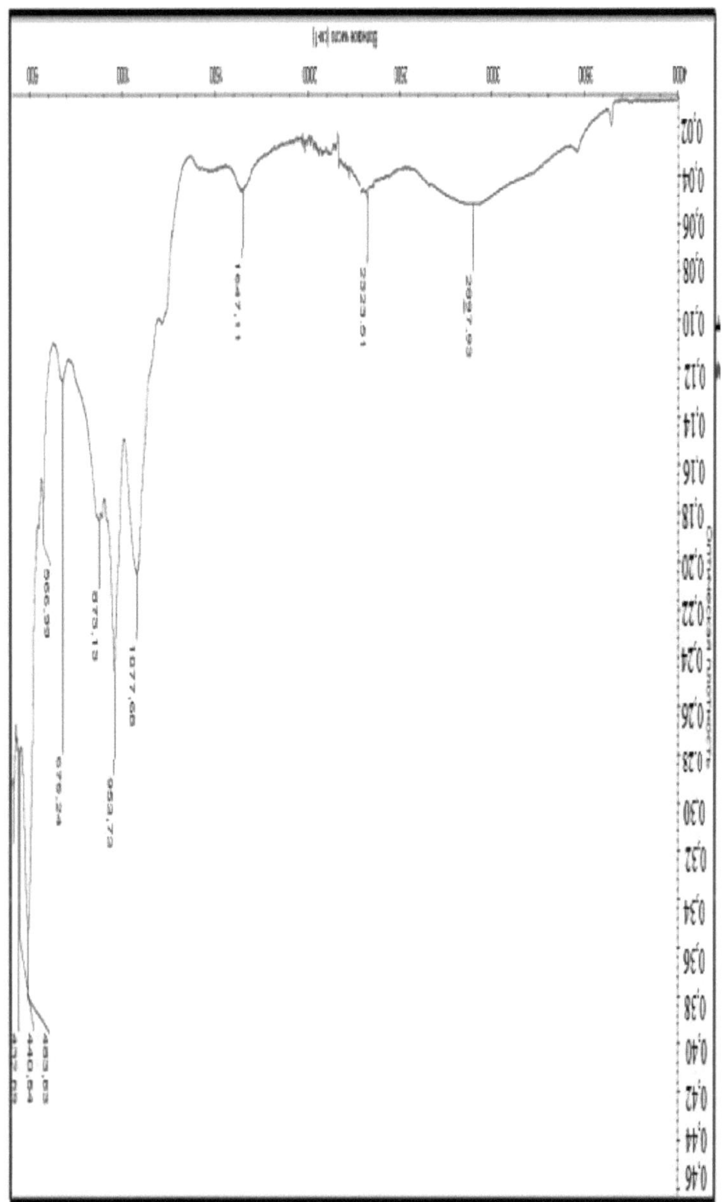
1647,11
2323,51
2927,93
1077,68
953,73
875,13
676,24
566,99
483,63
440,64

Fig. 3.14. Espectro de infravermelhos do fosfato monocálcico de alimentação

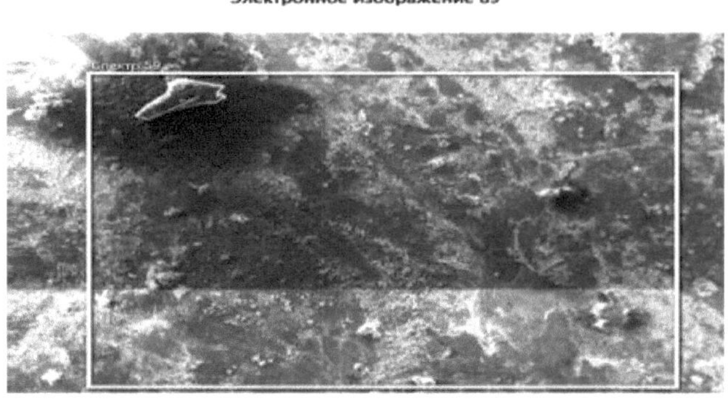

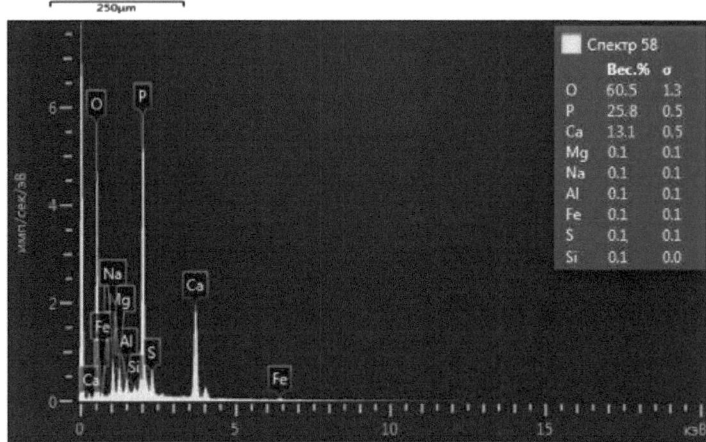

Fig. 3.15. Análise microscópica de varrimento do fosfato monocálcico para alimentação animal

Talitsa 3.23

Resultados da análise química elementar do fosfato monocálcico

Elemento	Peso: %.	Sigma, Peso. %
O	60.51	1.29
Na	0.09	0.03

Mg	0.06	0.03
Al	0.08	0.04
Si	0.06	0.02
P	25.8	0.22
S	0.09	0.04
Ca	13.08	0.35
Fe	0.07	0.04
Resumo:	100.00	

Assim, a possibilidade de obter fosfato monocálcico cristalino foi estabelecida experimentalmente, os parâmetros óptimos de todas as fases do processo foram determinados, as suas propriedades físico-químicas e comerciais foram clarificadas.

§ 3.12. Aprovação da tecnologia para a produção de fosfato monocálcico com base na extração evaporada de ácido fosfórico e carbonato de cálcio

Com base em estudos experimentais sistemáticos, foram propostas duas variantes de produção de fosfato monocálcico alimentar desfluorado com base no EFC a partir de fosforitos CK.

Tecnologia de produção de fosfato monocálcico granulado para alimentação animal. O processo tecnológico para a primeira variante da obtenção de fosfato monocálcico granulado para alimentação animal com base no EFC evaporado da rocha fosfática CK inclui:

$_{25}$- evaporação de EFC desfluorado e dessulfurado até uma concentração de 45-55% de P O ;

- decomposição do carbonato de cálcio por evaporação, parcialmente purificado de flúor e sulfatos EFC;

- Granulação e secagem na presença de retorta de fosfato monocálcico alimentar desfluorado.

$_{25}$ °A essência da tecnologia consiste na decomposição do carbonato de cálcio com EFC desfluorado, dessulfatado e evaporado com concentração de P O 45-55% a uma taxa de 95-100% da estequiometria, temperatura 90-100 C e duração do processo 20-40 min. °Entretanto, a granulação e a secagem são efectuadas a uma temperatura de 105-110 C utilizando um granulador de tambor (BG) e um secador de tambor (BD) na presença de uma retorta.

O fosfato monocálcico granular de alimentação desfluorado obtido tem a seguinte composição (% em peso) $_{25общ}$P O . $_{25усв}$- 52,18; P O . $_{25водн}$-

52,01; P O . - 51,78; CaO - 27,14; F - 0,16.

Tecnologia de obtenção de fosfato monocálcico cristalino para alimentação animal. O processo tecnológico para a segunda variante da produção de fosfato monocálcico cristalino para alimentação animal com base no EFC obtido a partir de rocha fosfática de CK inclui:

25- decomposição do carbonato de cálcio a taxas elevadas de EFC evaporado até à concentração de 45-55% de P O e purificado de flúor e sulfatos;

- Cristalização e separação de cristais de fosfato monocálcico;
- Secagem e acondicionamento de fosfato monocálcico cristalino;
- regresso do licor-mãe à fase de decomposição do carbonato de cálcio.

ººO carbonato de cálcio foi decomposto com EFC purificado a uma taxa de 400% da quantidade estequiometricamente necessária a uma temperatura de 90-100 C, com agitação constante durante 180 - 300 min, separou-se o resíduo insolúvel, evaporou-se a polpa para precipitar cristais de fosfato monocálcico, arrefeceu-se a uma temperatura de 30 C, separaram-se os cristais de fosfato monocálcico e neutralizou-se com carbonato de cálcio. Obteve-se o fosfato monocálcico com a seguinte composição (% em peso) 25общ25усв25воднP O .-55,67; P O .-55,40; P O .-55,18; CaO-26,81; F-0,012.

Foram desenvolvidos os protótipos de fosfato monocálcico granular e cristalino para alimentação animal, nos quais o teor de flúor não é superior a 0,18% e 0,017%, respetivamente.

Foram estudadas as propriedades físico-químicas e comerciais do fosfato monocálcico dessulfurado para alimentação animal. As amostras obtidas de fosfato monocálcico para alimentação animal satisfazem os requisitos dos fosfatos para alimentação animal GOST - 23999-80 e foram submetidas a ensaios (quadro 3.24).

Tabela 3.24.

Parâmetros químicos e físico-químicos e caraterização comparativa do fosfato monocálcico obtido

№ n/a	Nome dos indicadores	Norma		
		De acordo com GOST	De facto	
			Opção I	II-opção

		23999- 80		
1	Fração mássica de fosfato total, (P O), 1º ano, %, não menos 2º ano, %, não menos	 55-56 50-51	 - 52,18	 55,67 -
2	Fração mássica de cálcio, %, não inferior a	18	18,65	19,15
3	Índice de atividade do ião hidrogénio, unidade pH, não inferior a	3	3,26	3,20
4	Fração mássica de água, %, máx.	4	2,67	1,12
5	Fração mássica de flúor, %, máx.	0,2	0,18	0,07
6	Fração mássica de arsénio, %, máx.	0,005	otc.	otc.
7	Fração mássica de chumbo, %, máx.	0,002	otc.	otc.
8	Fração mássica de cinzas insolúveis em ácido clorídrico, %, não superior a	10	8	6

Assim, os testes efectuados mostraram uma reprodutibilidade adequada dos resultados dos estudos laboratoriais, no que diz respeito aos parâmetros tecnológicos de realização dos processos de obtenção de fosfato monocálcico desfluorado e à qualidade dos produtos obtidos. As tecnologias, se equipadas com o equipamento adequado, proporcionarão eficiência económica.

§ 3.13. Cálculos técnicos e económicos da viabilidade da produção de fosfato monocálcico para alimentação animal

A produção de fosfatos monocálcicos granulados e cristalinos com base em EPC obtidos a partir de rocha fosfática de CK inclui as seguintes fases

Fosfato monocálcico granulado: purificação do EPC a partir do flúor e do sulfato, decapagem ácida, decomposição do calcário com ácido fosfórico decomposto a uma concentração de 45-55% de P O a uma taxa estequiométrica; granulação na presença de retorta e secagem.

Fosfato monocálcico cristalino: purificação do EFC do flúor e dos sulfatos, evaporação ácida, decomposição do calcário com ácido fosfórico evaporado a taxas elevadas (350-450%); arrefecimento, cristalização e separação dos cristais de fosfato monocálcico; retorno das soluções de reserva à fase inicial do processo; lavagem e secagem do fosfato monocálcico cristalino.

Os custos de produção de fosfato monocálcico consistem no custo do EPC, vidro líquido, carbonato de sódio, soda lavada, MOFK para obter EPC purificado a partir de flúor e sulfato, calcário, bem como custos de transformação, comercialização e outros.

$_{25}$Os preços para 1 tonelada de matérias-primas e recursos energéticos são aceites: EFC com 17% P O - 239480 soums, MOFC - 490539 soums (de acordo com JSC "Ammophos-Maksam"), carbonato de sódio - 2076,824 soums (RTSB), calcário - 500 mil soums, solução líquida de vidro a 50% - 1500 mil soums.

[33]Os preços dos recursos energéticos são de 411 soums por 1 kWh de eletricidade, vapor 148596 soums por 1 Gcal, água reciclada 434477 por 1000 m, ar comprimido 92790 soums por 1000 m.

Produção de fosfato monocálcico granulado para alimentação animal. $_{25}$Para produzir 1 tonelada de fosfato monocálcico para alimentação animal é necessário utilizar 2,848 toneladas de EFC com um teor de 17% de P O . Para a purificação parcial do ácido de flúor e sulfatos, são consumidas 0,139 toneladas de carbonato de sódio, 0,07 toneladas de vidro líquido e 0,210 toneladas de MOFC.

Os custos da purificação do ácido são os seguintes

2,848 x 239,480 = SUM 682,039 mil custos de CEF.

0,139 x 2076,824 = 288,678 mil soums de custo do carbonato de sódio.

0,070 x 1500 = 105,00 mil soums de custo do vidro líquido.

0,210 x 490,539 = 103,013 mil UZS custo de MOFK.

Os custos totais da dessulfuração e da dessulfatação são os seguintes

682,039 + 288,678 + 105,00 + 103,013 = 1178,73 mil UZS.

Para produzir 1 tonelada de fosfato monocálcico alimentar acabado, são necessárias mais 0,350 toneladas de calcário, com um custo de:

0,350 x 500,00 =175,00 mil soums.

O custo total das matérias-primas será de:

1178,73 + 175,00 = 1353,73 mil soums.

[3]Para produzir 1 tonelada de fosfato monocálcico, são consumidos 250 kW de eletricidade, 10,44 GJ ou 2,5 Kcal de vapor e 25 m de ar comprimido. Os custos energéticos da produção de fosfato monocálcico são os seguintes

2,50 x 148,596 = 371,490 custo total do vapor.

25 x 0,09279 = SUM 2.320 mil custo do ar comprimido.

66,7 x 0,380 =25,335 mil soums de custo do gás natural.

250 x0,411 = 102.750 mil soums de custo de eletricidade.

O consumo total de energia para a produção de 1 tonelada de fosfato monocálcico será o seguinte

371.490 + 2.320 + 25.335 + 102.750 = 501.895 mil UZS.

Os custos totais das matérias-primas e dos recursos energéticos serão os seguintes:

1353,73 + 501,895 = 1855,625 mil soums.

As despesas tecnológicas para a produção de pasta de fosfato monocálcico, evaporação e secagem são assumidas como 40% do custo das matérias-primas e dos recursos energéticos:

1855,625 x 0,40 = 742,25 milhares de soums.

O custo tecnológico do fosfato monocálcico é o seguinte

1855,625 + 742,25 = 2597,875 milhares de soums.

Considera-se que as despesas periódicas e as vendas de fosfato monocálcico correspondem a 10% do custo tecnológico:

2597,875 x 0,1 = 259,788 milhares de soums.

O custo total de produção da fábrica será de:

2597,875 + 259,788 = 2857,663 mil soums.

O preço por grosso do fosfato monocálcico para alimentos para animais é de 850 USD. O preço por grosso do fosfato monocálcico para alimentos para animais é de 850 USD sem custos de transporte e aduaneiros e, tendo em conta os custos de transporte e aduaneiros, consideramos 1000 USD em média. USD ou 1000 x 10855=10.855,0 mil soums, onde 10.855 soums taxa de câmbio do dólar em soums a partir de 20.12.2021.

As poupanças por cada tonelada de fosfato monocálcico para alimentação animal serão comparáveis às do fosfato monocálcico importado,

10.855,0 - 2857,663 = 7997,337 mil soums.

Com a produção de 10 000 toneladas de fosfato monocálcico granulado para forragens, as poupanças ascenderão a 79 973,37 milhões de euros.

Produção de fosfato monocálcico cristalino para alimentação animal. [25]Para produzir 1 tonelada de fosfato monocálcico, são necessárias 3,200 toneladas de EFC com 17% de P O. Para a purificação parcial do ácido de flúor e sulfatos, são consumidas 0,156 toneladas de carbonato de sódio, 0,079 toneladas de vidro líquido e 0,240 toneladas de MOFC.

O custo da purificação do ácido será o seguinte:

3 200 x 239 480 = 766 3361 mil UZS custo do CEF.

0,079 x 1500 = 118,5 mil soums de custo do vidro líquido.

0,240 x 490.539 = 117.730 mil UZS custo do MOFK.

0,156 x 2076,824 = 323,984 mil soums de custo do carbonato de sódio.

Os custos totais da desfluoretação e dessulfuração das CEF são os seguintes

766,336 + 118,5 + 117,730 + 323,984 = 1326,55 mil soums.

Para produzir fosfato monocálcico, são necessárias 0,220 toneladas adicionais de calcário, com um custo de:

0,220 x 500,00 = 110,00 mil soums.

Os custos totais das matérias-primas serão os seguintes

1326,55 + 110,00 = 1436,55 mil soums.

[33]Para produzir 1 tonelada de fosfato monocálcico cristalino, são consumidos 285 kW de eletricidade, 2,85 Kcal de vapor, 7,720 m de água reciclada e 28,5 m de ar comprimido. Os custos energéticos da produção de fosfato monocálcico cristalino são os seguintes

7.720 x 0,435 = 3.358 mil soums de custo de água reciclada.

2,85 x 0,1486 = 423,499 mil soums de custo do vapor.

28,5 x 0,0928 = 2,645 mil soums de custo de ar comprimido.

76,04 x 0,380 = 28,895 mil soums de custo de ar comprimido.

855 x 0,411 = 351,405 mil UZS custo da eletricidade.

O consumo total de energia para a produção de 1 tonelada de fosfato monocálcico cristalino será o seguinte

3.358 + 423.499 + 2.645 + 28.895 + 351.405 = 809.802 mil soums.

Os custos das matérias-primas e dos recursos energéticos serão os seguintes:

1436,55 + 809,802 = 2246,352 milhares de soums.

As despesas para a obtenção da suspensão e dos cristais de fosfato monocálcico, a evaporação e a secagem são consideradas como sendo 40% do custo das matérias-primas e dos recursos energéticos:

2246,352 x 0,40 = 898,541 mil soums.

O custo tecnológico do fosfato monocálcico cristalino para alimentação animal será:

2246,352 + 898,541 = 3144,893 UZS th.

As despesas do período e da comercialização do fosfato monocálcico cristalino são consideradas 10% do custo tecnológico:

3144,893 x 0,1 = 314,489 mil soums.

O custo total de produção da fábrica será de:

3144,893 + 314,489 = UZS 3459,382 th.

O preço por grosso do fosfato monocálcico para alimentos para animais é de 850 USD. O preço por grosso do fosfato monocálcico para alimentos para animais é de 850 USD sem custos de transporte e aduaneiros e, tendo em conta os custos de transporte e aduaneiros, consideramos 1000 USD em média. USD ou 1000 x 10,855 = 10.855,0 mil soums, onde 10,855 soums taxa de câmbio do dólar em soums em 20.12.2021.

As poupanças obtidas por cada tonelada de fosfato monocálcico serão comparáveis às do fosfato monocálcico importado,

10.855,0 - 3.459,382 = 7.395,618 mil UZS.

Ao produzir 10.000 toneladas de fosfato monocálcico cristalino para alimentação animal, as poupanças ascenderão a 73.956,18 milhões de soums.

Assim, os cálculos técnicos e económicos realizados indicam uma boa rentabilidade da produção de fosfato monocálcico com base em soluções dessulfatadas, dessulfuradas e evaporadas de EPC obtidas a partir de rocha fosfática, uma elevada eficiência de produção, permitindo obter produtos químicos que substituem as importações, criar postos de trabalho adicionais e satisfazer todos os requisitos para a alimentação de fosfato monocálcico.

§ Conclusões do capítulo 3

$_{25}$Para produzir fosfato monocálcico a partir de calcário e EFC desfluorado e dessulfurado, foi investigado o efeito da temperatura e da duração do processo no grau de decomposição do calcário a uma taxa de ácido de 100% e uma concentração de 17-50% de P O .

O aumento da temperatura do processo de decomposição de 20 para 80°C aumenta significativamente o grau de decomposição do calcário para todos os valores da duração do processo.

Foram estabelecidos os parâmetros tecnológicos óptimos da decomposição do calcário: temperatura de decomposição - 80-100°C, duração do processo - 30-60 min, tamanho das partículas - 0,1-1,0 mm. O aumento da duração do processo de decomposição e a redução do diâmetro das partículas de calcário também contribuem para um aumento do grau de decomposição.

O aumento da concentração de EFC contribui para a redução do teor de flúor no produto acabado, respetivamente, fosfato monocálcico desfluorado e fertilizante. No entanto, tal não é suficiente para obter fosfato monocálcico de pureza alimentar.

Os estudos efectuados mostraram a possibilidade de obter fosfato monocálcico desfluorado para adubo com base em EPC desfluorado e dessulfatado a partir de fosforitos de CK. 25 25O fosfato monocálcico obtido com uma concentração de EPC até 40 % de P O contém 51,97-54,99 % de P O , 25,63-28,24 % de CaO. O teor de flúor é de 0,24-1,02%. Quanto maior for a concentração inicial de EFC, menor será o teor de flúor do fosfato monocálcico. Para obter fosfato monocálcico com pureza de alimentação, é necessário efetuar uma purificação mais profunda do EPC da rocha fosfática CK do flúor.

Os estudos efectuados mostraram a possibilidade de obter fosfato monocálcico para alimentação animal com base em EPC dessulfurado e dessulfurado a partir de fosforitos de CK. 2525O fosfato monocálcico obtido com uma concentração de EPC de 45 a 60 % de P O contém 52,65-55,26 % de P O , 26,55-28,33 % de CaO. O teor de flúor é de 0,12-0,19%. Quanto maior for a concentração inicial de ácido fosfórico, menor será o teor de flúor do fosfato monocálcico para alimentação animal. As amostras obtidas de fosfato monocálcico para alimentação animal cumprem os requisitos para fosfatos para alimentação animal GOST - 23999-80.

A secagem de fosfato monocálcico com elevado teor de humidade não se justifica economicamente. Por conseguinte, a fim de reduzir o teor de humidade do produto alimentado para secagem e granulação, foi estudada a influência da proporção de MCP:retorta na alteração da composição química e do teor de humidade do produto.

Com base nos resultados obtidos, foi desenvolvido o esquema tecnológico e o balanço material da produção de fosfato monocálcico para fertilizantes e alimentos para animais a partir de EFC dessulfurado, dessulfurado e evaporado.

25A fim de obter fosfato monocálcico dessulfurado na forma cristalina, sem impurezas estranhas, foi investigado o processo de decomposição de calcário por EFC dessulfurado e dessulfurado a partir de fosforitos CK, pré-propagado até ao teor de 40-55% de P O à sua taxa de 300-500% da estequiometria para a formação de fosfato monocálcico.

$_{25}$A massa de ácido fosfórico da decomposição de calcário 45% por P O ácido fosfórico a taxas de 300 e 400% da estequiometria praticamente não é filtrada. Um padrão semelhante é também observado à taxa de 55% de ácido fosfórico 300%. $_{2525}$Os melhores resultados de filtragem são observados quando se utiliza 50% de ácido fosfórico P O a taxas de 300-500% e quando se utiliza 55% de ácido fosfórico P O a 500%. $^{2}{}_{25общ.25св.}$Neste caso, a remoção de lamas de fosfato monocálcico é de 330-450 kg/m ·h e o teor de P O é de 53,6-54,8%, P O 11,2 - 14,5%, CaO 16,6 - 17,5%.

$_{25}$Em condições laboratoriais, foi estabelecida a possibilidade de obter fosfato monocálcico cristalino para forragem, foram determinados os parâmetros tecnológicos óptimos de todas as fases do processo: concentrações de EFC 45-55% P O , norma 350-500%, temperatura - 100°C, duração do processo 180-300 min.

Os resultados da investigação mostram que os parâmetros óptimos para a obtenção de fosfato monocálcico para alimentos para animais são a concentração da suspensão não inferior a 60%, o arrefecimento da suspensão a uma taxa não superior a 5,0 ° C/hora a uma temperatura de 60-65 ° C, e os produtos obtidos cumprem plenamente os requisitos do GOST 23999-80 para fosfatos para alimentos para animais.

$_{32323}$Verifica-se que, com a reutilização tripla da solução de masterbatch, o aumento do grau de transição das impurezas para os cristais do produto é relativamente baixo e atinge, %: para SO - 4,19; MgO - 0,67; Al O - 0,12; Fe O - 1,68 e F - 0,82. Isto deve-se ao facto de, durante a reutilização do licor-mãe, o teor de impurezas do produto aumentar gradualmente. $_{25}$O rendimento de P O no fosfato monocálcico de alimentação qualificado é de 67,51%.

Foi estabelecida a possibilidade de obter fosfato monocálcico para fertilizantes e alimentos para animais, foram determinados os parâmetros óptimos de todas as fases do processo, foram estabelecidas as propriedades físico-químicas e comerciais.

Foi desenvolvido o esquema tecnológico básico e o balanço material da produção de fosfato monocálcico para fertilizantes e alimentos para animais a partir de EFC desfluorado, dessulfatado e evaporado. Os cálculos técnicos e económicos indicam a viabilidade económica da produção.

Foram desenvolvidos os principais esquemas tecnológicos e o balanço material da produção de fosfatos monocálcicos para fertilizantes e alimentos para animais a partir de EFC desfluorados, dessulfatados e evaporados. Os cálculos técnicos e económicos indicam a viabilidade económica da produção.

CAPÍTULO IV. ESTUDO DOS PROCESSOS DE PRODUÇÃO DE FOSFATO MONOPOTÁSSICO A PARTIR DO FOSFATO MONOSSÓDICO E DO CLORETO DE POTÁSSIO

24242§ 4.1 Análise do sistema NaH PO -KH PO -NaCl-KCl-H O para a produção de fosfato monocálcico

++-24-2Para selecionar as condições óptimas de conversão do fosfato monossódico com cloreto de potássio e obter o dihidrofosfato de potássio, foram efectuados estudos comparativos de solubilidade no sistema de quatro componentes água-sal K , Na // Cl , H PO - H O obtidos a 25 e 100°C. Os dados do diagrama de solubilidade do sistema de quatro componentes sob a forma de trapézio e sob a forma de quadrado às temperaturas de 25 e 100°C são apresentados nas Figuras 4.1-4.3.

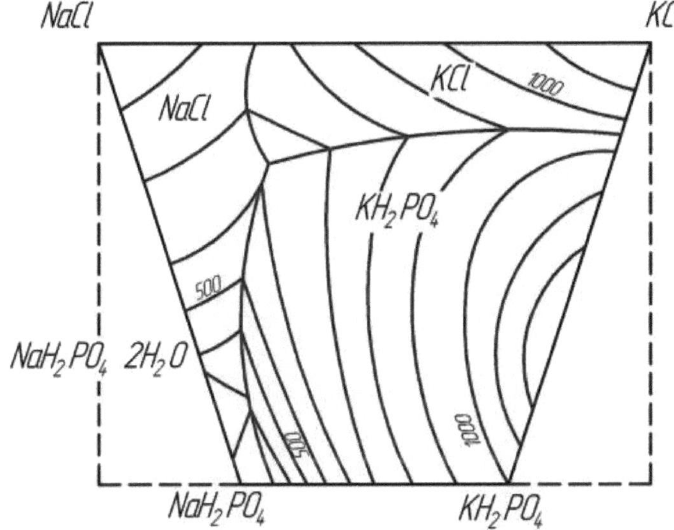

Fig. 4.1. ++-24-2Diagrama de solubilidade do sistema K , Na // Cl , H PO - H O a 25°C.

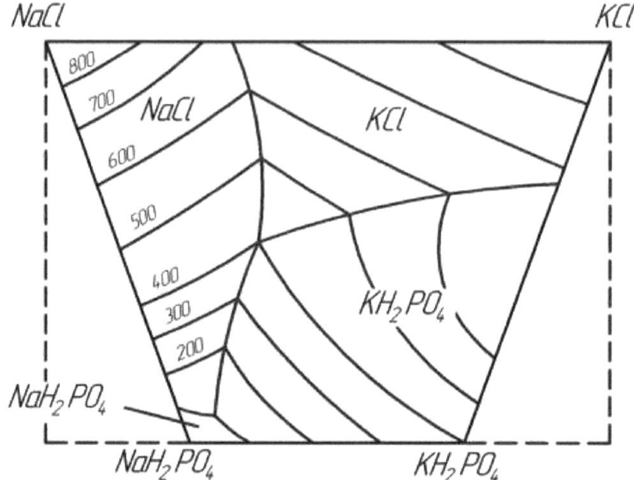

Fig. 4.2. Diagrama de solubilidade do sistema K^+, Na^+ // Cl^-, $H_2PO_4^-$ - H_2O a 100°C.

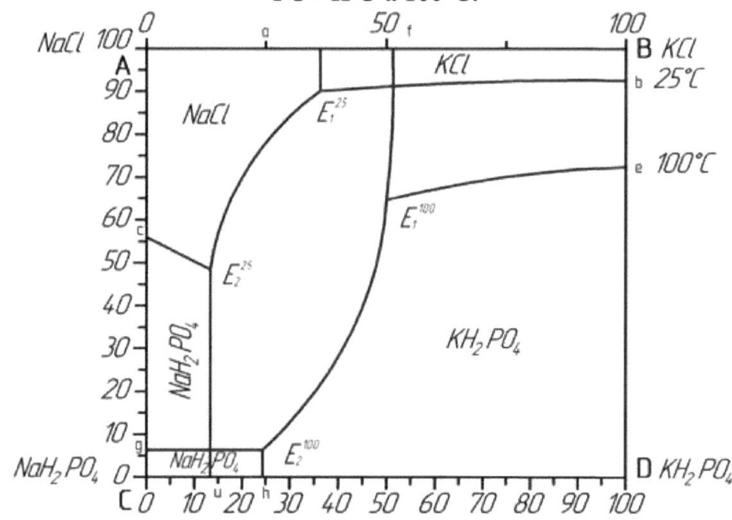

Fig. 4.3. Diagramas de solubilidade dos sistemas K^+, Na^+ // Cl^-, $H_2PO_4^-$ - H_2O a 25 e 100°C.

$_{2424}$O diagrama de solubilidade mostra quatro campos de cristalização de NaCl, KCl, NaH PO e CH PO . $_{12}$E e E são pontos eutónicos a temperaturas de 25 e 100°C onde a solução está em equilíbrio com os três sais. Estes pontos estão localizados fora do triângulo de composição na fase sólida dos sais e são incongruentemente saturados.

$_{24}^{++}$ $^{-}{}_{24}^{-}$ $_{2}$O campo de cristalização do KN PO no diagrama de solubilidade do sistema K , Na // Cl , H PO - H O a 25°C ocupa uma parte maior da área quadrada do que a 100°C. $_{24}$Considerando o diagrama de solubilidade isotérmico, verifica-se que, à medida que a temperatura aumenta, os campos de cristalização do KN PO diminuem drasticamente, pelo que a sua solubilidade aumenta significativamente. $_{24}$A região de saturação do CH PO a 100°C é várias vezes mais pequena do que a 25°C.

$_{24}$O campo de cristalização do NaCl a 100°C é significativamente aumentado, em comparação com o campo de cristalização a 25°C, devido a uma diminuição do campo de CH PO . $_{24}$Consequentemente, a solubilidade do KN PO é aumentada várias vezes e uma tal solução é capaz de precipitar este sal no arrefecimento.

$_{2424}$ $_{2}$O sistema CH PO -NaH PO PO -NaCl- KCl-H O tem sido utilizado para analisar a composição de fases de processos industriais.

Antes de iniciarmos a análise dos processos cíclicos de produção de dihidrofosfato de potássio, efectuámos estudos preliminares de produção de dihidrofosfato de potássio a diferentes temperaturas. Como resultado desta análise, na nossa opinião, as condições mais favoráveis são proporcionadas pelo processo de obtenção de dihidrofosfato de potássio com extração de cloreto de sódio a 100ºC e cristalização do dihidrofosfato de potássio com arrefecimento da suspensão a 25ºC.

$^{++}$ $^{-}{}_{24}^{-}{}_{233333}$Com base nos diagramas de fase de solubilidade do sistema de sais mútuos K , Na // Cl , H PO -H O, na comparação de vários ciclos tecnológicos, foi escolhido o esquema do ciclo Q -M -P -S -Q (Fig. 4.4).

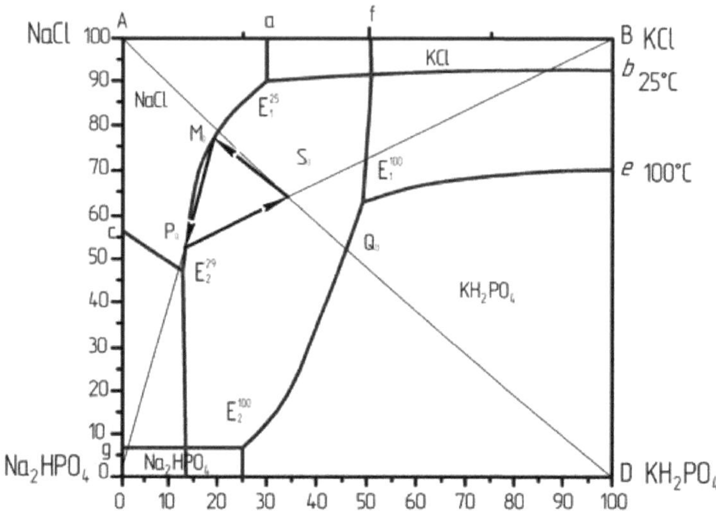

Figura 4.4. Diagrama da produção de dihidrofosfato de potássio.

Na primeira forma de realização, o di-hidrofosfato de sódio, que é um semi-produto obtido pela neutralização do ácido fosfórico com carbonato de sódio e cloreto de potássio, foi utilizado como componente inicial.

O processo tecnológico desenrola-se do seguinte modo (Fig. 4.4) 0000adiciona-se di-hidrofosfato de sódio à solução circulante no ponto P, adiciona-se cloreto de potássio no ponto S, depois a solução é evaporada até ao ponto de saturação Q, situado numa linha traçada do ponto D ao ponto M, que se refere ao ponto de saturação do cloreto de sódio a 100°C. 1Após a separação do precipitado, o licor-mãe é arrefecido a uma temperatura de 25°C até ao ponto M. À temperatura atingida, o produto é separado por filtração e depois seco a 115-120°C. O licor-mãe restante é enviado para o ciclo. Assim, o processo é encerrado.

2424Neste caso, a cristalização do KN PO será efectuada a partir de uma solução com menor teor de cloretos, permitindo a produção de KN PO com menor teor de NaCl e relativamente.

§ 4.2 Estudo da conversão de soluções de fosfato monossódico por cloreto de potássio

Os autores estudaram os diagramas de solubilidade para a justificação teórica da obtenção de di-hidrofosfato de potássio adequado para a produção de alimentos por método de conversão a partir de di-hidrofosfato de sódio obtido por neutralização de ácido fosfórico térmico com carbonato de sódio e cloreto de potássio quimicamente puro.

++-24-2Para selecionar as condições ideais para a conversão da solução de fosfato monossódico obtida com base na EPC a partir de fosforitos CK por flotação de cloreto de potássio para obter dihidrofosfato de potássio, foram analisados sistemas previamente estudados e foram realizados estudos comparativos sobre a solubilidade no sistema de quatro componentes água-sal K , Na //Cl , H PO -H O a 25 e 100°C em relação às composições propostas de matéria-prima.

24242A análise do sistema NaH PO -KH PO -NaCl-KCl-H O mostrou a possibilidade de obter fosfato monocálcico por conversão da solução de fosfato monossódico por flotação de cloreto de potássio com libertação preliminar de cloreto de sódio. Por conseguinte, os estudos posteriores tiveram como objetivo a obtenção de fosfato monocálcico através da conversão de uma solução de fosfato monossódico por flotação de cloreto de potássio.

As soluções purificadas de fosfato monossódico e cloreto de potássio de flutuação produzidas pela UE "Dehkanabad potash plant" foram utilizadas como componentes iniciais.

0000O processo tecnológico decorre da seguinte forma (Fig. 1): adiciona-se di-hidrofosfato de sódio à solução circulante no ponto P , depois adiciona-se cloreto de potássio no ponto S , em seguida a solução é evaporada até ao ponto de saturação Q , situado numa linha traçada do ponto D ao ponto M , que se refere ao ponto de saturação do cloreto de sódio a 100°C.

1Após a separação do precipitado, o licor-mãe é arrefecido a uma temperatura de 25°C até ao ponto M , à temperatura atingida, o produto é separado por filtração, depois seco a 115-120°C, o licor-mãe restante é enviado para o ciclo. Assim, o processo é encerrado.

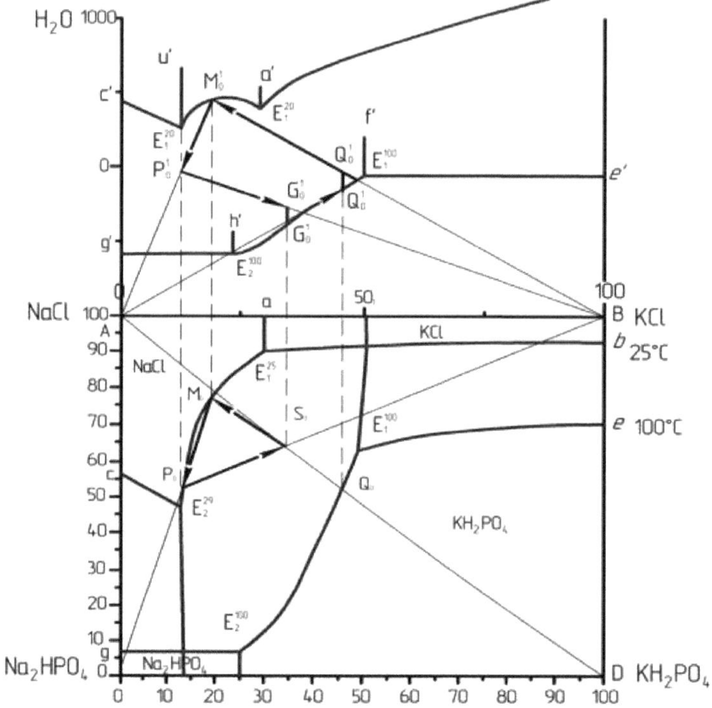

Figura 4.5. ++-24-2Diagrama de K , Na // Cl , H PO - H O aplicado ao processo de obtenção do di-hidrato de potássio

O quadro 4.1 resume as caraterísticas das suspensões na produção de dihidrofosfato de potássio a partir de uma solução de dihidrofosfato de sódio e cloreto de potássio de flotação.

Tabela 4.1.

Caraterísticas da suspensão na obtenção de dihidrofosfato de potássio a partir de uma solução de dihidrofosfato de sódio e cloreto de potássio

№ Var.	Q_0				M_0				P_0	S_0	
	Suzp., d.	G.F.	T.F.	G:T.	Suzp., d.	G.F.	T.F.	G:T.	Suzp., d.	Suzp., d.	G.F.
1	189,35	170,73	18,62	9,17:1	183,33	142,49	40,84	3,49:1	323,68	300,21	189,35

2	189,74	169,93	19,71	8,62:1	180,76	137,12	43,64	3,15:1	330,38	305,35	189,74
3	191,31	170,84	20,47	8,35:1	181,67	136,71	44,96	3,04:1	336,01	310,20	191,31
4	190,63	170,15	20,48	8,31:1	184,58	139,62	44,95	3,11:1	338,93	313,11	190,63
5	189,35	170,74	18,61	9,17:1	183,96	143,09	40,87	3,50:1	324,28	300,81	189,35
6	182,77	167,26	15,51	10,79:1	196,09	162,03	34,06	4,76:1	313,0	293,45	182,77

O quadro 4.2 apresenta os resultados das experiências de obtenção de di-hidrofosfato de potássio por seis variantes do método cíclico.

Tabela 4.2.

Composição química dos precipitados e licores-mãe formados por

$_{24}$na conversão da solução de NaH PO com KCl

№	Composição da precipitação $_{24}$KH PO , %				Composição da precipitação NaCl, %				$_0$Composição da lixívia-mãe (M), %			
	$_2$P O_5	$_2$PARA SOBRE	$_2$Na O	Cl^-	$_2$P O_5	$_2$PARA SOBRE	$_2$Na O	Cl^-	$_2$P O_5	$_2$PARA SOBRE	$_2$Na O	Cl^-
1	42,05	29,15	0,89	0,99	0,64	0,95	52,24	43,71	4,18	6,04	10,88	6,13
2	43,76	28,87	0,12	0,81	0,73	0,14	52,75	44,42	4,93	10,44	11,41	6,85
3	48,85	33,02	1,66	0,62	1,99	1,70	60,23	56,83	6,42	4,41	12,69	7,99
4	43,95	28,30	8,99	3,49	3,90	3,04	52,74	44,61	5,77	5,53	13,08	8,70
5	39,52	25,29	10,62	4,54	6,35	3,11	57,82	42,26	11,15	4,08	14,22	7,60
6	43,72	22,40	8,66	3,41	6,93	2,71	41,87	40,34	17,17	3,10	11,59	7,20

$_{2522}$-Após vários ciclos, o dihidrofosfato de potássio foi isolado, contendo 48,85% de P O , 33,02% de K O, 1,66% de Na O e 0,6% de Cl . $_{2522}$-O precipitado de NaCl obtido por evaporação da água da solução contém 1,99% de P O , 1,70% de K O, 60,23% de Na O e 56,83% de Cl . $_{2522}$O licor-mãe, que contém 6,42% de P O , 4,41% de K O e 12,69% de Na O , é reintroduzido no ciclo. O precipitado de fosfato monopotássico foi então lavado com uma solução saturada de fosfato monopotássico e seco a 100-110°C.

$^{++-}{}_{24}{}^{-}{}_{2}$As análises e os cálculos sobre os diagramas de solubilidade no sistema de quatro componentes K , Na //Cl , H PO -H O e os dados experimentais obtidos mostraram a principal possibilidade de obter di-hidrofosfato de potássio por método de conversão a partir de soluções de fosfato monossódico obtidas com base em EPC de fosforitos CK e cloreto de potássio de flotação.

§ 4.3. Influência dos parâmetros tecnológicos no processo de cristalização do fosfato monokaliy

Foi estudada a influência de parâmetros tecnológicos, tais como a concentração da solução, a temperatura e a taxa de arrefecimento da solução no processo de cristalização do fosfato monopotássico a partir da solução de conversão obtida pelo método de conversão a partir de soluções de fosfato monossódico obtidas com base no EPC a partir de fosforitos CK e cloreto de potássio de flotação. Os resultados obtidos estão resumidos no quadro 4.3.

Taxas de arrefecimento mais lentas favorecem a precipitação de menos impurezas. $_{2}{}^{-}$Com a diminuição da taxa de arrefecimento, a quantidade de impurezas Na O e Cl no produto diminui aproximadamente duas vezes. O aumento da concentração da solução acima de 30 % leva a um aumento do teor de impurezas do produto acabado.

Tabela 4.3.

Grau de transição dos componentes da solução para o produto e composição química do licor-mãe após a cristalização do di-hidrofosfato de potássio

Tempe-A sua natureza, °C	Velocidade de arrefecimento, °C/hora	Grau de transição dos componentes para o produto, %				Composição química do licor-mãe, em % em peso			
		$_2$PARA	25	$_2$Na O	Cl$^-$	$_2$PARA SOBRE	25	$_2$Na O	Cl$^-$

		SOB RE							
A uma concentração de fosfato monopotássico de 27%									
31,0	10,0	68,48	69,72	4,28	2,59	3,98	5,72	11,42	7,20
	7,0	68,45	68,68	4,26	2,57	3,97	5,70	11,40	7,19
	5,0	68,43	68,66	4,25	2,56	3,97	5,70	11,40	7,18
25,0	10,0	79,62	81,06	4,60	2,78	3,93	5,72	10,15	7,11
	7,0	79,58	81,01	4,57	2,75	3,92	5,72	10,17	7,12
	5,0	79,56	80,99	4,55	2,74	3,92	5,72	10,18	7,13
A uma concentração de fosfato monopotássico de 24%									
31,0	10,0	61,14	62,25	3,82	2,31	4,47	6,50	12,83	8,08
	7,0	61,12	61,23	3,81	2,29	4,46	6,49	12,82	8,07
	5,0	61,11	61,21	3,79	2,28	4,46	6,49	12,82	8,07
25,0	10,0	71,09	72,38	4,11	2,48	4,41	6,42	12,69	7,99
	7,0	71,06	72,34	4,07	2,46	4,41	6,42	12,71	8,01
	5,0	71,04	72,32	4,05	2,44	4,41	6,42	12,72	8,02

O licor-mãe após a cristalização do di-hidrofosfato de potássio é devolvido para ser reutilizado na fase inicial do processo de conversão do cloreto de potássio em di-hidrofosfato de sódio.

Assim, as condições óptimas para a obtenção de di-hidrofosfato de potássio por conversão da solução de fosfato monossódico por flotação de cloreto de potássio com libertação preliminar de cloreto de sódio são a temperatura - não superior a 25,0 ° C, a concentração da solução - não inferior a 24-27%, a taxa de arrefecimento da solução - 10,0 ° C/hora. A composição química do produto obtido cumpre os requisitos do GOST.

§ 4.4 Investigações sobre a lavagem do fosfato monopotássico em relação às impurezas e ao cloro

O quadro 4.4 apresenta as composições química e salina do di-hidrofosfato de potássio obtido por lavagem simples e dupla com soluções saturadas de fosfatos monossódico e monopotássico.

Tabela 4.4.

Composição química do di-hidrofosfato de potássio após lavagem

№	Rácio -nação $_{24}$KN RO :Prom	Composição iónica, %				Composição do sal, %				Rendi mento, %
		$_2$H RO_4^-	K^+	Na^+	Cl^-	$_2$KN RO_4	$_2$NaN RO_4	KC L	NaCl	
$_2$Solução de NaH RO_4										
1	1:1$_{NaH2PO4}$	70,92	27,08	1,30	0,70	94,42	4,43	-	1,15	95,79
2	1:1$_{NaH2PO4}$	70,82	27,62	0,92	0,64	96,33	2,62	-	1,05	95,46
3	1:1$_{NaH2PO4}$	70,82	27,62	0,92	0,64	96,33	2,62	-	1,05	95,46
1	1:2$_{NaH2PO4}$	70,87	26,97	1,40	0,76	94,07	4,67	-	1,26	87,30
2	1:2$_{NaH2PO4}$	70,78	27,52	1,00	0,70	95,97	2,88	-	1,15	87,00
3	1:2$_{NaH2PO4}$	70,78	27,52	1,00	0,70	95,97	2,88	-	1,15	87,00
$_2$Solução KN RO_4										
1	1:$_{1KH2PO4}$	70,47	28,08	0,66	0,79	97,91	0,79	-	1,30	100,0
2	1:$_{1KH2PO4}$	70,43	28,32	0,49	0,76	98,75	-	-	1,25	100,0
3	1:$_{1KH2PO4}$	70,43	28,32	0,49	0,76	98,75	-	-	1,25	100,0
1	1:$_{2KN2PO4}$	70,41	28,14	0,63	0,82	98,13	0,52	-	1,35	98,00
2	1:$_{2KN2PO4}$	70,39	28,31	0,51	0,79	98,70	-	-	1,30	97,88
3	1:$_{2KN2PO4}$	70,39	28,31	0,51	0,79	98,70	-	-	1,30	97,88

$_{2424242424}$Quando os cristais de KH PO foram lavados com uma solução saturada de NaH PO, observou-se uma diminuição do rendimento de fosfato de potássio para as amostras 1-3 até 95,46% numa proporção de KH PO :p-p = 1:1 e até 87,00% numa proporção de 1:2, indicando a dissolução de KH PO numa solução saturada de NaH PO e tanto maior quanto menor for a proporção.

2424A lavagem com soluções saturadas de KH PO das amostras 1-3 praticamente não conduz a uma diminuição do rendimento de KH PO na proporção 1:1 e diminui ligeiramente para 97,88-98,00% na proporção 1:2. 24Dos dados obtidos conclui-se que a lavagem é efectuada de preferência com uma solução saturada de KH PO na proporção de 1:1.

§ 4.5. Propriedades reológicas da suspensão inicial e das soluções de reserva

Para as experiências, as propriedades reológicas da solução de fosfato monossódico foram estudadas à temperatura de 20-80°C e pH = 3,8 - 4,5. Os resultados dos estudos são apresentados na Tabela 4.5.

Tabela 4.5.

Densidade e viscosidade de soluções de fosfato monossódico obtidas por neutralização de EPC de rocha fosfática CK com carbonato de sódio

№	pH	Densidade, g/cm^3				Viscosidade, mPa·s			
		20°C	40°C	60°C	80°C	20°C	40°C	60°C	80°C
Solução inicial de dihidrofosfato de sódio									
1	3,8	1,240	1,234	1,230	1,228	3,41	2,17	1,42	1,10
2	4,1	1,242	1,236	1,232	1,230	3,50	2,23	1,49	1,14
3	4,5	1,246	1,240	1,236	1,234	3,96	2,55	1,68	1,29
Solução evaporada de di-hidrofosfato de sódio									
4	3,8	1,389	1,382	1,378	1,375	3,82	2,43	1,59	1,23
5	4,1	1,391	1,384	1,380	1,378	3,92	2,50	1,67	1,28
6	4,5	1,396	1,389	1,384	1,382	4,39	2,86	1,88	1,45

3ooCom o aumento do pH de 3,8 para 4,5, as densidades das soluções de reserva e evaporadas aumentam e são 1,240-1,246 e 1,389-1,396 g/cm a 20 C e 1,228-1,234 e 1,375-1,382 a 80 C, respetivamente.

°°Com o aumento do pH, as viscosidades das soluções também aumentam e são 3,41-3,96 e 3,82-4,39 mPa·s a 20 C e diminuem para 1,10-1,29 e 1,23-1,45 mPa·s a 80 C, respetivamente. As soluções iniciais e evaporadas de fosfato monossódico têm boas propriedades reológicas.

A Tabela 4.6 mostra os valores de densidade e viscosidade das soluções-mãe formadas após a separação do dihidrofosfato de potássio de acordo com três variantes [158; P. 261-265].

Quadro 4.6

Densidade e viscosidade de soluções-mãe formadas após filtração de di-hidrofosfato de potássio

N.º de revisões do quadro 4.2	Densidade, g/cm^3				Viscosidade, mPa·s			
	20°C	40°C	60°C	80°C	20°C	40°C	60°C	80°C
1	1,285	1,277	1,271	1,266	2,718	1,867	1,364	1,205
2	1,295	1,287	1,281	1,277	2,787	1,973	1,462	1,284
3	1,291	1,283	1,277	1,273	2,786	1,972	1,461	1,282

Em todas as variantes, a densidade e a viscosidade dos licores-mãe diminuem com o aumento da temperatura. O estudo das propriedades reológicas dos licores-mãe mostra que eles têm uma mobilidade satisfatória e podem ser facilmente transportados.

§ 4.6 Propriedades físico-químicas e comercializáveis do fosfato monopotássico

Para determinar o sal e a composição química do dihidrofosfato de potássio, foram efectuados estudos de difração de raios X, espetroscopia de infravermelhos e microscopia eletrónica de varrimento. O difratómetro de raios X XRD-6100 (Shimadzu, Japão) foi utilizado para a análise de raios X. $_{\alpha}$Utilizou-se radiação CuK (filtro β, Ni, modo de corrente e tensão do tubo 30 mA, 30 kV) e velocidade de rotação constante do detetor de 4 graus/minuto. Foi utilizada uma câmara rotativa com uma velocidade de rotação de 30 rpm quando a amostra foi recolhida. A difração de raios X foi realizada utilizando a base de dados de estruturas cristalinas da

American Mineralogist e o determinador de raios X de minerais de Mikheev.

-1O espetro de absorção de IV da substância investigada - bischofite - foi obtido no SPECORD-751R na gama de frequências de 400-4000 cm. As amostras foram preparadas por prensagem de pastilhas com KBr.

A Fig. 4.6 mostra a difração de raios X e a Fig. 4.7 O espetro de infravermelhos do di-hidrofosfato de potássio sintetizado em condições laboratoriais.

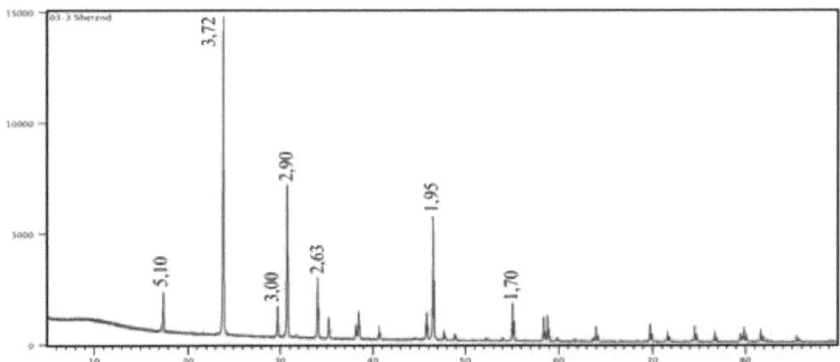

Figura 4.6. Diagrama de raios X do dihidrofosfato de potássio

24A radiografia de raios X do dihidrofosfato de potássio mostra máximos de difração de 5,1; 3,72; 3,00; 2,90; 2,63 Å, que pertencem ao KH PO , e também, 1,70 Å NaCl.

Figura 4.7. Espectro de infravermelhos do dihidrofosfato de potássio

4-1-1No espetro de IV (Fig. 4.7) encontram-se frequências de vibração que caracterizam as vibrações relacionadas com a RO 429,11-1065,79 cm e com a água cristalina - 1277,42-2325,55 cm. Os dados da espetroscopia de IV do dihidrofosfato de potássio confirmam os dados dos estudos químicos e de raios X.

A Tabela 4.7 e a Figura 4.8 mostram os principais componentes do dihidrofosfato de potássio obtido com base no dihidrofosfato de sódio e no cloreto de potássio de flotação com o método de conversão. A análise por microscopia eletrónica de varrimento do di-hidrofosfato de potássio mostra o seguinte teor de elementos de composição: O-43,31%, Na-0,78%, P-24,96%, Cl-0,48%, K-30,47%, o que corresponde ao seu teor no di-hidrofosfato de potássio.

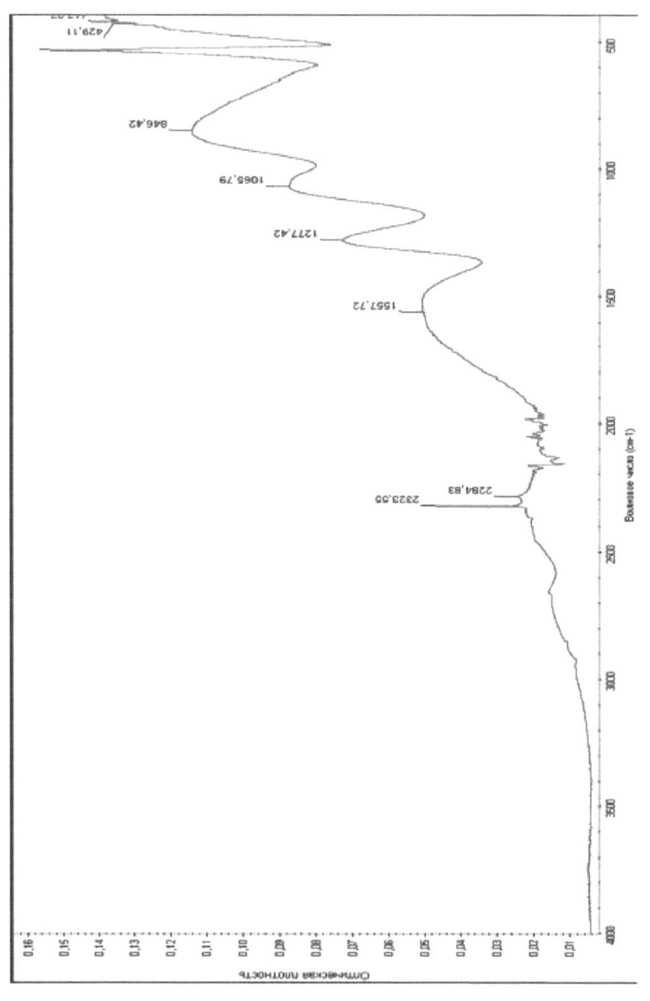

Talitsa 4.7

Resultados da análise química elementar do fosfato monokaliy

Elemento	Peso: %.	Sigma, Peso. %
O	43.31	0.23
Na	0.78	0.05

P	24.96	0.14
Cl	0.48	0.04
K	30.47	0.16
Resumo:	100.00	

Электронное изображение 3

250µm

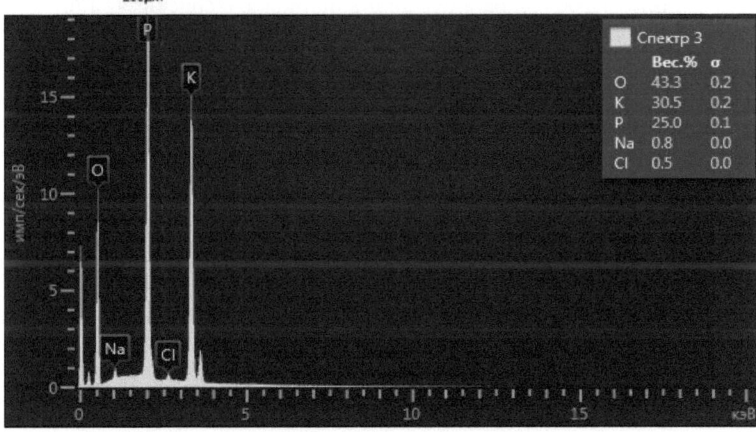

Figura 4.8. Análise microscópica de varrimento do dihidrofosfato de potássio

Assim, foi estudada a influência do tempo e da temperatura de cristalização na composição elementar, química básica e salina do dihidrofosfato de potássio. Os resultados obtidos foram confirmados por métodos de análise de fase de raios X e de espetroscopia de infravermelhos. 24Foi demonstrado que o di-hidrofosfato de potássio é obtido em condições óptimas após a sua lavagem com uma solução saturada de di-hidrofosfato de potássio na proporção KH PO :p-p = 1:1. A composição elementar do di-hidrofosfato de potássio foi determinada por microscopia eletrónica.

Os resultados indicam a possibilidade de sintetizar o dihidrofosfato de potássio com as propriedades de desempenho necessárias através de uma solução de dihidrofosfato de sódio e cloreto de potássio de flotação.

§ 4.7 Esquema tecnológico e balanço material da produção de fosfato monokaliy

O esquema tecnológico e o balanço material da produção de fosfato monopotássico isento de cloro de pureza de alimentação com base em EPC derivado de rocha fosfática são apresentados nas Figuras 4.9 e 4.10.

No reator (item 1) são alimentados simultaneamente solução de fosfato monossódico, cloreto de potássio cristalino fino em agitação e temperatura 95-100 ° C para evaporar a humidade e concentrar a mistura.

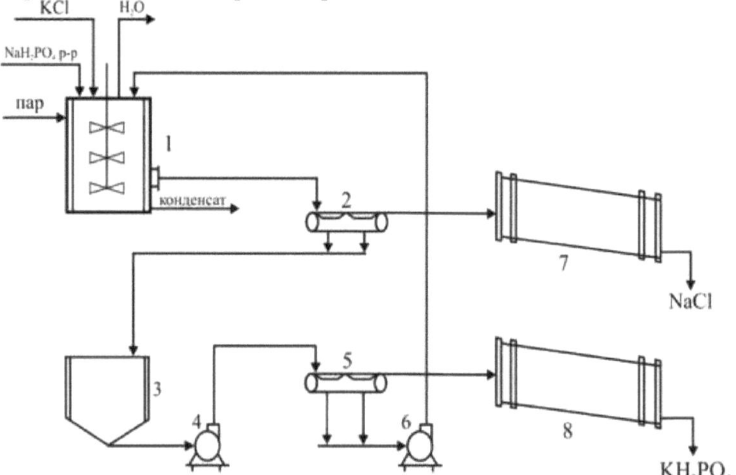

Fig. 4.9. Esquema tecnológico para a obtenção de fosfato monocálcico de pureza alimentar com base em ácido fosfórico

extrativo obtido a partir de fosforitos de Kyzylkum Central pelo método de conversão: 1 - reator com camisa; 2, 5 - filtros; 3 - cristalizador;
4, 6 - bombas; 7, 8 - secadores.

O licor-mãe após a separação do fosfato monopotássico entra também no reator. Os processos de conversão e evaporação ocorrem num período de 2 horas, após o qual a mistura é alimentada para filtração a quente num filtro de vácuo (pos.2) para separar os cristais precipitados de cloreto de sódio, que é enviado para secagem num tambor de secagem (pos.7). O filtrado do filtro (pos.2) vai para o cristalizador (pos.3) e depois, por bomba (pos.4), para o filtro (pos.5) para separar os cristais de fosfato monopotássico, que depois vai para secagem no tambor de secagem (pos.8). O licor-mãe é utilizado como circulação e é alimentado ao reator (pos.1). O balanço material da produção de fosfato monocálcico com base no EPC obtido a partir de rocha fosfática CK é apresentado na Figura 4.10.

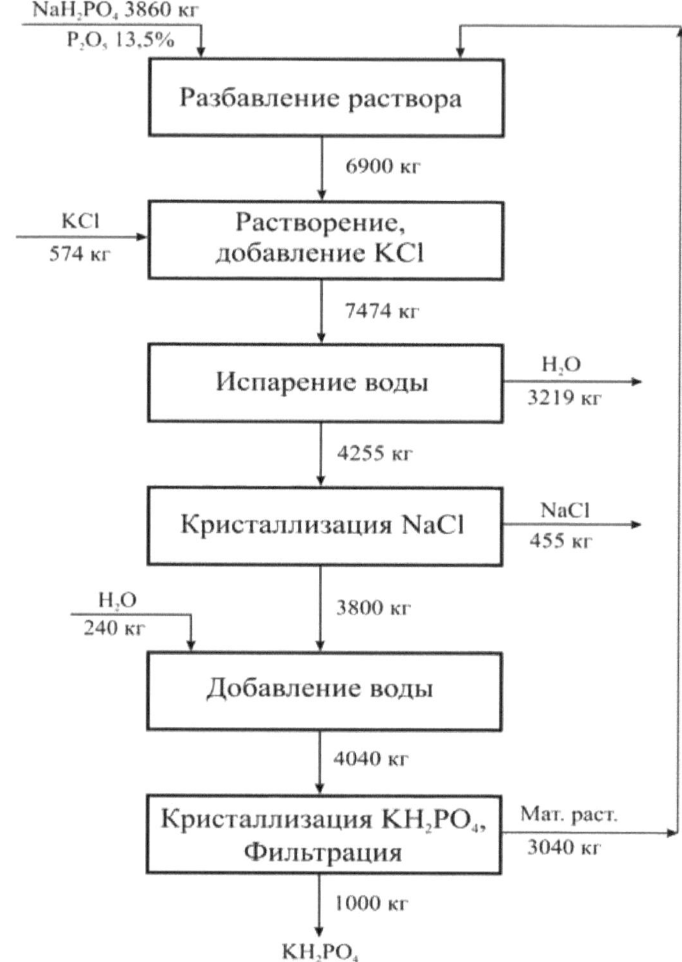

Fig. 4.10. Esquema dos fluxos de materiais e do balanço de materiais do método cíclico de produção de fosfato monopotássico pelo método de conversão

Devido ao facto de a principal tarefa do estudo ser a obtenção de fosfato monopotássico pelo método de conversão, o balanço de materiais é feito para a fase de conversão.

$_{25}$Para obter 1000 kg de fosfato monocálcico isento de cloro, é necessário que, em 3860 kg de solução purificada de fosfato monossódico contendo 13,5% de P O, entrem 3040 kg de licor-mãe após a separação do fosfato monocálcico e, em seguida, 574 kg de cloreto de potássio e evaporem 3219 kg de água e filtrem o precipitado de cloreto de sódio precipitado na quantidade de 455 kg. Arrefecer o licor-mãe a 20-30°C e filtrar o precipitado de fosfato monocálcico, lavar com uma solução saturada de fosfato monocálcico e secar.

§ 4.8 Aprovação da tecnologia de produção de fosfato monopotássico

O método de conversão da produção de fosfato monokaliy é um novo produto para as instalações de produção da indústria química da república, que requer equipamento diferente do disponível nas empresas. Por conseguinte, os testes da tecnologia desenvolvida foram efectuados numa fábrica modelo na empresa comum JSC Elektrokimyozavod.

O processo tecnológico de produção de fosfato monocálcico consiste nas seguintes fases:

- Conversão de uma solução de fosfato monossódico por cloreto de potássio;
- embalagem da solução de conversão;
- separação de precipitados de cloreto de sódio precipitado;
- arrefecimento e cristalização do fosfato monopotássico;
- Separação de cristais de fosfato monopotássico;
- lavagem e secagem do fosfato monopotássico.

A tecnologia foi testada numa fábrica modelo que simula as condições de produção e foi produzido um lote piloto de fosfato monopotássico.

Processo tecnológico. A solução de fosfato monossódico é introduzida na fase de conversão do fosfato monossódico em cloreto de potássio. ^{o}O processo de conversão e evaporação da solução decorre à temperatura de 100 C até à precipitação do cloreto de sódio presente na solução. A pasta é então alimentada para filtração. A fase sólida - cloreto de sódio - é enviada para lavagem e secagem para obtenção de um produto comercial - cloreto de sódio, e a fase líquida para o cristalizador para arrefecimento a uma temperatura de 20-30 ^{o} C e cristalização do fosfato monocálcico. Os cristais de fosfato monocálcico precipitados são separados do licor-mãe, lavados e secos. O licor-mãe é reintroduzido na fase de conversão do cloreto de potássio em fosfato monossódico.

Como resultado dos ensaios tecnológicos, foi produzido um lote-piloto de fosfato monocálcico na quantidade de 50 kg, que foi submetido a ensaios. Os dados sobre a análise da composição química e das propriedades comercializáveis do produto são apresentados no Quadro 4.8.

Tabela 4.8.

Parâmetros químicos e físico-químicos e caraterização comparativa do fosfato monopotássico obtido pelo método de conversão

№ n/a	Nome dos indicadores	Indicadores	
		de acordo com as especificações	De facto
1	Aparência	Pó branco cores	Pó branco cores
2	$_{25}$Fração mássica de fosfatos totais (P O), %, não inferior a	50,0	50,0
3	$_{2}$Fração mássica de potássio (K O), %, não inferior a	33,0	33,0
4	Fração mássica de humidade, %, máx.	0,5	0,35
5	Índice de hidrogénio da solução a 1%, unidades. pH	4,0-4,5	4,3
6	Fração mássica de resíduo insolúvel em água, %, máx.	0,1	0,01

O fosfato monocálcico obtido durante os testes cumpriu plenamente os requisitos. TU 2186-021-32496445-00 (RF).

Assim, os ensaios efectuados demonstraram a possibilidade de obter fosfato monopotássico a partir de soluções de fosfato monossódico com base em EPC purificado de rocha fosfática CK por conversão com cloreto de potássio.

Os testes efectuados na fábrica-piloto mostram uma reprodutibilidade adequada dos resultados dos estudos laboratoriais no que diz respeito aos parâmetros tecnológicos do processo e ao nível de qualidade dos produtos obtidos.

§ 4.9. Cálculos técnicos e económicos preliminares da eficiência da produção de fosfato monokaliy

Foram efectuados estudos preliminares de viabilidade para determinar a viabilidade da produção de fosfato monocálcico.

A produção de fosfato monopotássico inclui a purificação do EPC do flúor e do sulfato, a neutralização do ácido com carbonato de sódio a um pH de 4,0-4,5, a separação dos resíduos insolúveis e a obtenção de soluções purificadas de fosfato monossódico, conversão do cloreto de potássio de flotação em solução de fosfato monossódico, acondicionamento e separação do cloreto de sódio, arrefecimento e cristalização do di-hidrofosfato de potássio, separação, lavagem e secagem dos cristais de di-hidrofosfato de potássio, retorno das soluções de reserva à fase inicial de conversão.

O custo de produção do fosfato monopotássico consiste no custo do EPC, do carbonato de sódio, do vidro líquido, do MOFK, da solução de fosfato monossódico purificado e do cloreto de potássio de flotação.

$_{25}$Os preços das matérias-primas e dos recursos energéticos são aceites: 1 tonelada de EPC com 17% P O - 239480 soums, 1 tonelada de MOFK - 490539 soums (de acordo com JSC "Ammophos-Maksam"), 1 tonelada de carbonato de sódio - 2076,824 soums, 1 tonelada de solução líquida de vidro a 50% - 1500 mil soums. UZS 1 tonelada de solução purificada de fosfato monossódico e 1 tonelada de cloreto de potássio de flotação produzida pela fábrica de potassa JSC Dehkanabad - 1.635.090 mil UZS.

[33]Os preços dos recursos energéticos são de 411 soums por 1 kWh de eletricidade, vapor 148596 soums por 1 Gcal, água reciclada 434477 por 1000 m, ar comprimido 92790 soums por 1000 m.

$_{25}$Para produzir 1 tonelada de fosfato monopotássico, são necessárias 3,860 toneladas de soluções purificadas de fosfato monossódico com 13,5% de P O . $_{25}$ O custo de 1 tonelada de solução purificada de fosfato monossódico contendo 13,5% de P O é de 345.450 mil soums.

O custo total da produção de uma solução purificada de fosfato monossódico é o seguinte

3.860 x 345.450 = 1.325.717 mil UZS.

São necessárias mais 0,574 toneladas de cloreto de potássio, com um custo de 0,574 toneladas de cloreto de potássio, para produzir a solução de conversão de fosfato monopotássico:

0,574 x 1635,090 = 938,542 mil soums.

O custo total das matérias-primas será de:

1 325.717 + 938.542 = 2 264.259 mil UZS.

[33]Para produzir 1 tonelada de fosfato monokaliy, são consumidos 250 kW de eletricidade, 16,03 GJ ou 3,829 Gcal de vapor, 25 m de ar comprimido e 66,67 m de gás natural. Os custos energéticos da produção de fosfato monokaliy serão os seguintes

3.040 x 0.435 = 1.323 mil UZS custo da água reciclada.

3,829 x 148,6 = 568,989 mil soums de custo do vapor.

25 x 0,0928 = SUM 2,32 mil custos de ar comprimido.

66,67 x 380 = 25.335 mil soums de custo do gás natural.

250 x 0,411 = 102,75 mil soums de custo de eletricidade.

O consumo total de energia para a produção de 1 tonelada de fosfato monocálcico é o seguinte

1,323 + 568,989 + 2,32 + 25,346 + 102,75 = 700,713 mil UZS.

Os custos das matérias-primas e dos recursos energéticos serão os seguintes:

2264,259 + 700,713 = 2964,972 UZS th.

Os custos tecnológicos da produção de fosfato monocálcico são considerados como sendo 30% do custo das matérias-primas e dos recursos energéticos:

2964,972 x 0,30 =889,492 mil soums.

O custo tecnológico do fosfato monopotássico é o seguinte

2964,972 + 889,492 = 3854,464 mil soums.

Os custos de período e de venda do fosfato monocálcico são considerados como sendo 10% do custo tecnológico:

3854,464 x 0,1 = 385,446 th. soum.

O custo total de produção da fábrica será de:

3854,464 + 385,446 = 4239,910 th. soums.

Preço de venda por grosso do fosfato monopotássico 1600 USD por 1 tonelada ou 1600 x 10855 = 17.368,00 mil soums sem despesas de transporte e aduaneiras, onde 10855 soum taxa de câmbio (20.12.2021) USD 1 tonelada ou 1600 x 10855 = 17.368,00 mil soums sem custos de transporte e aduaneiros, onde 10855 soums taxa de câmbio do dólar em soums (20.12.2021).

As poupanças de cada tonelada de fosfato monopotássico ascenderão a 17 368,00 - 4 239,910 = 13 128,09 mil soums, em comparação com as importações: 17 368,00 - 4 239,910 = 13 128,09 mil soums.

Além disso, a produção de 1 tonelada de fosfato monopotássico produz 0,5 toneladas de cloreto de sódio, cujo custo será:

0,5 x 500,0 = 250,0 mil soums.

Com a produção de 10 000 toneladas de fosfato monocálcico cristalino e 5 000 toneladas de cloreto de sódio, as poupanças totais ascenderão a 15 628,09 milhões de UZS.

Assim, os cálculos técnicos e económicos realizados indicam uma boa rentabilidade da produção de fosfato monopotássico através da conversão da solução de di-hidrofosfato de sódio obtida com base no EPC a partir de rocha fosfática com cloreto de potássio de flotação produzido pela JSC "Dehkanabad Potash Plant", uma elevada eficiência da produção, permitindo obter produtos químicos que substituem as importações e criar postos de trabalho adicionais.

§ Conclusões do capítulo 4

Para comprovar físico-quimicamente a possibilidade de obtenção de fosfato monocálcico, foram efectuados estudos teóricos e experimentais que permitiram desenvolver a tecnologia dos adubos fosfatados e potássicos sem cloro por conversão do fosfato monossódico com cloreto de potássio.

24++ -24- 2O campo de cristalização do KN PO no diagrama de solubilidade do sistema K , Na // Cl , H PO - H O a 25°C ocupa uma parte maior da área quadrada do que a 100°C. 24Considerando o diagrama de solubilidade isotérmico, verifica-se que, à medida que a temperatura aumenta, os campos de cristalização do KN PO diminuem drasticamente, pelo que a sua solubilidade aumenta significativamente. 24A região de saturação do CH PO a 100°C é várias vezes mais pequena do que a 25°C.

24O campo de cristalização do NaCl a 100°C é significativamente aumentado, em comparação com o campo de cristalização a 25°C, devido a uma diminuição do campo de CH PO . 24Consequentemente, a solubilidade do KN PO é aumentada várias vezes e uma tal solução é capaz de precipitar este sal no arrefecimento.

2424 2O sistema CH PO -NaH PO PO -NaCl- KCl-H O tem sido utilizado para analisar a composição de fases de processos industriais.

++ -24- 2Com base na análise dos equilíbrios de fases, utilizando o diagrama de solubilidade do sistema água-sal de quatro componentes K , Na // Cl , H PO - H O a 25°C e 100°C, foram obtidos os dados sobre a possibilidade de isolamento do dihidrofosfato de potássio e do cloreto de sódio pela sua cristalização a partir de soluções saturadas.

Foi estudada a influência de parâmetros tecnológicos como a concentração da solução, a temperatura e a taxa de arrefecimento da solução no processo de cristalização do fosfato monopotássico a partir da solução de conversão obtida pelo método de conversão a partir de soluções de fosfato monossódico obtidas com base no EPC a partir de fosforitos CK e cloreto de potássio de flotação.

Taxas de arrefecimento mais lentas favorecem a precipitação de menos impurezas. $_{2}^{-}$Com a diminuição da taxa de arrefecimento, a quantidade de impurezas Na O e Cl no produto diminui aproximadamente duas vezes. O aumento da concentração da solução acima de 30 % leva a um aumento do teor de impurezas do produto acabado.

As condições óptimas para a obtenção de dihidrofosfato de potássio através da conversão da solução de fosfato monossódico por flotação de cloreto de potássio com libertação preliminar de cloreto de sódio são a temperatura - não superior a 25,0°C, a concentração da solução - não inferior a 24-27%, a taxa de arrefecimento da solução - 10,0°C/hora. A composição química do produto obtido cumpre os requisitos de GOST.

Foram estudadas as propriedades reológicas das soluções de conversão a temperaturas de 20-80°C em função do pH. ^{3oo}Com o aumento do pH de 3,8 para 4,5, as densidades das soluções iniciais e evaporadas aumentam e são 1,240-1,246 e 1,389-1,396 g/cm a 20 C e 1,228-1,234 e 1,375-1,382 a 80 C, respetivamente.

^{oo}Com o aumento do pH, as viscosidades das soluções também aumentam e são 3,41-3,96 e 3,82-4,39 mPa·s a 20 C e diminuem para 1,10-1,29 e 1,23-1,45 mPa·s a 80 C, respetivamente. As soluções iniciais e evaporadas de fosfato monossódico têm boas propriedades reológicas.

Com base nas investigações efectuadas, é proposto o esquema tecnológico básico da produção de fosfato monocálcico e cloreto de sódio. Estabelecem-se os parâmetros óptimos do processo tecnológico e fazem-se o balanço de materiais e as normas do regime tecnológico.

Os testes efectuados na fábrica-piloto mostram uma reprodutibilidade adequada dos resultados dos estudos laboratoriais no que diz respeito aos parâmetros tecnológicos do processo e ao nível de qualidade dos produtos obtidos.

LISTA DE REFERÊNCIAS

1. Decreto do Presidente da República do Usbequistão n.º UP-4947, de 7 de fevereiro de 2017, "Estratégia de acções em cinco direcções prioritárias da República do Usbequistão em 2017-2021".

2. Resolução do Presidente da República do Usbequistão n.º PP-4265, de 3 de abril de 2019, "Sobre medidas para prosseguir a reforma e aumentar a atratividade do investimento da indústria química".

3. Decreto do Presidente da República do Usbequistão n.º PP-4937 de 28 de dezembro de 2020 "Sobre as medidas de execução do programa de investimento da República do Usbequistão para 2021-2023".

4. Resolução do Presidente da República do Usbequistão n.º PP-4005 de 6 de novembro de 2018 "Sobre medidas adicionais para um maior desenvolvimento da indústria da piscicultura".

5. Van Weser J. Phosphorus and its compounds. - M.: 1962, Vol. 1 - 687 p.

6. Melikulova G.E., Mirzakulov H.Ch., Usmanov I.I., Isakov A.F. Estudo do processo de obtenção de fosfato dicálcico forrageiro a partir de fosforitos do Kyzylkum Central // Universum: Ciências Técnicas: revista científica eletrónica. 2018. No. 6(51). URL: https://7universum.com/ru/tech/archive/item/6037.

7. Beglov B.M., Ibragimov G.I., Sadykov B.B. Métodos não tradicionais de transformação de matérias-primas fosfatadas em adubos minerais. // Indústria Química. -2005. T. 82. -№ 9. -C. 453-468.

8. Fósforo - "elemento da vida", o seu papel crescente para a humanidade // Fosfatos na viragem do século XXI. - Moscovo, Almaty, Zhanatas. 2006. 201 c.

9. Livro de referência sobre a alimentação dos animais de criação. - M.: Rosselmash. 1983. - C. 69-78.

10. Belokon L.M., Bogdanova N.S., Mikhaleva T.K., Dokholova L.D. Tendências de desenvolvimento da produção de fosfato dicálcico forrageiro e aditivos minerais complexos para a criação de animais na sua base. Indústria de Fertilizantes Minerais. Série: Fertilizantes minerais e ácido sulfúrico. Informação de revisão. NIITEKHIM. 1987. - 38 c.

11. Degtyarev V. Eficiência do fosfato monocálcico na alimentação animal. Criação de gado leiteiro e de carne. 2003. - № 2. - C. 7-10.

12) Arifjanova K.S., Mirzakulov H.Ch., Melikulova G.E., Huzhamkulov S.Z., Usmanov I.I. Estudo do processo de dessulfuração da

extração de ácido fosfórico a partir de fosforitos do Kyzylkum Central // Jornal "Indústria Química" - São Petersburgo, RF. 2017. № 5. - C. 18-25.

13. Gorlov I.F., Randelin D.A., Struk A.N., Struk V.N., Struk M.V., Struk N.V. Tecnologias inovadoras para o desenvolvimento e utilização de novos alimentos para animais e aditivos biologicamente activos na produção de carne de animais de criação e de aves de capoeira. - Volgograd: FGBOU VPO Volgograd GAU, RF. 2012. - 236 c.

14. Vinogradov V.N., Duborezov V.M., Kirilov M.P. Alimentação e produção de forragem na criação de gado leiteiro // Zh. Achievements of science and technology in PAC. - 2009. - № 8. - C. 33-35.

15. Ryabov N.I., Levakhin V.I., Zelepukhin A.G., Korolev L., Popov V.V. et al. Increase of efficiency of fattening of young cattle (Aumento da eficiência da engorda de gado jovem). - MOSCOU: RF. 2005. - 109 c.

16. Pozin M.E.. Tecnologia dos sais minerais (adubos, pesticidas, sais industriais, óxidos, ácidos), 2.1, ed., 4. 4º, corrigido. - L.: Izdvo "Khimiya", 1974. - 1556 c.

17. Technology of phosphorus and complex fertilisers, editado por S.D. Evenchik, A.A. Brodsky. - Moscovo: Khimiya, 1987. - 464 c.

18. Litusova N.M. Tecnologia de obtenção de fosfatos de cálcio forrageiros em forma granulada à base de giz e extração de ácido fosfórico. Dissertação. ... candidato de ciências técnicas. Moscovo, 2004. - 97 c.

19. Previsão da Kemira Animal Nutrition para o mercado de fosfatos para alimentação animal até 2015. - 13 c.

20. Sleen J. Phosphorus availability m 21st century/ Menagement of a nonrenewable resourse // Phosphorus and potassium. 1998. JVB 217. - pp. 25-31.

21. Produção de sólidos e outras substâncias inorgânicas // Livro de informação e referência técnica sobre as melhores tecnologias disponíveis.

22. Bushuyev N.N. Bases físico-químicas da influência das impurezas das matérias-primas fosfatadas na tecnologia de adubos minerais contendo fósforo e substâncias puras. Diss. ... D. Sc. RF. 2000. 412 c.

23. Hijran Z. Toama Indústria mundial de fosfato // Boletim iraquiano de geologia e mineração Edição especial, No.7, 2017, pp. 5 - 23. 5 - 23.

24. Umarov Sh.I., Melikulova G.E., Usmanov I.I., Mirzakulov H.Ch. Estudo do processo de processamento de soluções de ácido

fosfórico de enriquecimento de concentrado de fosfato de Kyzylkum Central // Universum: Ciências Técnicas: revista científica eletrónica. 2018. no. 6(51). URL: http://7universum.com/ru/tech/archive/item/6088.

25. Karmyshov V.F., Sobolev B.P., Nosov V.N. Produção e aplicação de fosfato forrageiro - M.: Khimiya, - 1987. - 272 c.

26. Albatyrov I. Lugar e papel do sector agrário na economia mundial // International Agricultural Journal. M.: RF. - 2005, №2. - C. 28-30.

27. Beglov B.M., Namazov Sh.S. Phosphorites of Central Kyzylkum and their processing. - Tashkent, 2013. - 416 c.

28. Gordeev A.V. Segurança alimentar - o problema do século XXI. // Coleção de relatórios da conferência internacional. "Segurança alimentar da Rússia". 12-14 de março de 2002, Moscovo. - Moscovo: FGNU "Rosinformagroteh". 2002. - №1. - C. 94-96.

29. Mirzakulov H.Ch. Bases físico-químicas e tecnologia de processamento de fosforitos do Kyzylkum Central. Tashkent, Editora Navruz. 2019, 416 c.

30. Turaev Z. Desenvolvimento da tecnologia do fósforo simples e dos adubos complexos com microelementos com base nos fosforitos do Kyzylkum Central. Dissertação (DSc). Tashkent, 2021, 197 p.

31. Turaev Z., Shamshidinov I.Sh., Usmanov I.I. Technology of single phosphate rock and complex fertilisers with trace elements. - Namangan, 2020, 160 p.

32. Patente n.º IAP 06411 (UZ). Método de produção de fertilizante líquido bioorgânico-mineral. I.T.Shamshidinov, T.T.Shamshidinov, I.I.Usmanov, G.K.Kadirova. - Publ.2021, Boletim No.2.

33. Patente n.º IAP 06263 (UZ). Método de preparação de fosfatos de amónio. I.T.Shamshidinov, I.I.Usmanov, H.Ch.Mirzakulov, B.A.Mamurov, G.K.Kodirova - Publicado. 2020. Bul. no. 8.

34. Aguilar K.K. Preparação de dihidrofosfato de potássio pelo método de conversão. Dissertação. ... candidato de ciências técnicas. São Petersburgo, 2004, 187 p.

35. Dormeshkin O.B., Vorobyev N.I. Production of chlorine-free water-soluble complex fertilisers. Minsk, 2006, 248 p. ISBN985-434-623-4.

36. Shatilov V.I. Tecnologia sem resíduos para a obtenção de fertilizantes NPK sem cloro solúveis em água à base de fosfato de potássio. Dissertação. Candidato de Ciências Técnicas. Minsk, 2004. - 265 c.

37. Volkov A.V. Mercado de fertilizantes minerais. IV trimestre, 2015. Universidade Nacional de Investigação. Escola Superior de Economia. Centro de desenvolvimento de RF. 2015. - 67 c.

38. World fertiliser trends and outlook to 2022 Organização das nações unidas para a alimentação e a agricultura. Roma, 2019. 28 p. https://www.fao.org/3/ca6746en/ca6746en.pdf

39. Perspectivas dos fertilizantes a curto prazo 2019 - 2020 Inteligência de mercado e serviços agrícolas Associação Internacional de Fertilizantes (IFA) Fórum estratégico da IFA 18-20 de novembro de 2019 Versalhes (França) https: 2019_ifa_strategic_forum_versailles_public_summary.pdf

40. Nedelciu C.E., Ragnarsdottir K.V., Schlyter P., Stjernquist I. Global phosphorus supply chain dynamics: Assessing regional impacts to 2050 Global Food Security 26 (2020). 10 p. 100426 www.elsevier.com/locate/gfs

41. Uriadov D.N. Eficiência da otimização das rações alimentares para vacas em lactação do tipo intra-raça Kulunda da raça estepe vermelha. Diss. ... c.s.n. Barnaul. RF. 2012. 171 c.

42. Relatório do Registo do Estado. N.º I-2015-7-2 "Desenvolvimento industrial experimental da tecnologia de fosfatos de potássio e cálcio para forragens à base de ácido fosfórico extrativo do Kyzylkum Central". - Tashkent, 2016, 97 p.

43. Samady M.A. Technology of obtaining potassium and sodium chlorides from low-grade Tyubegatan sylvinites and halite wastes. Dissertação. ... Doutoramento. (PhD) em ciências técnicas. Tashkent, 2017. 142 c.

44. Nabiev M.N., Osichkina R.G., Tukhtaev S.T. Sulfato de potássio com microelementos. Tashkent, Izdvo: "Fan", 1998. 164 c.

45. Ivanova S.I. Technology of potash fertiliser production. 2013 http://eeca-ru.ipni.net/article/EECARU-2166.

46. Andronov V.I., Brodskiy A.A., Zabeleshinskiy Y.A. et al. Thermal phosphoric acid, salts and fertilisers on its basis. Moscovo. 2019, 205 c.

47. Jančaitienė K. Tecnologia sustentável de produção de dihidrogenofosfato de potássio e recuperação de resíduos líquidos // Resumo da Dissertação de Doutoramento Ciências Tecnológicas, Engenharia Química (05T). Kaunas, Alemanha. 2017, 36 p.

48. Dormeshkin O.B., Vorobyev N.I., Shatalo V.I. Processo tecnológico sem resíduos para a obtenção de adubo complexo solúvel em

água sem cloro à base de fosfato de potássio. // Tecnologia Química, Minsk, Bielorrússia. 2014. - T.15. № 6. - C. 24-32.

49. Vorobyev N.I. Technology of phosphorus and complex fertilisers (Tecnologia de fósforo e fertilizantes complexos). - Minsk: BSTU, 2015. - 177 c. ISBN 978-985-530-432-7.

50. Volkova A.V. Mercado de fertilizantes minerais // 2019. 52 c. Market%20of%20mineral%20fertilisers-2019.pdf

51. Kisilev V.G. Produção de fosfato monocálcico a partir de matérias-primas pobres em fosfato através de um esquema de recirculação. Dissertação. ... Candidato de Ciências Técnicas Moscovo, 2013. 165 c.

52. Klassen P.V., Zavertyaeva T.I., Adamov E.A., Milkov G.A., Razmakhnina G.S. (Rússia, JSC "NIUIF", Moscovo) Utilização de matérias-primas fosfatadas pobres para fertilizantes fosfatados // Chemical Industry Today. 2003, № 12, - C. 4-8.

53. Patente n.º 2411222 (Federação Russa). Método de preparação de fosfato dicálcico. Sharipov T.V., Mustafii A.G. Opubl.10.02. 2011. Bul. 4.

54. Patente n.º 2373144 (Federação Russa). Método de produção de fosfato dicálcico para forragem. Dmitrevskiy B.A., Treuschenko N.N., Lavrova T.V. Publicado em 20.11.2009. Boletim, n.º 32.

55. Vandysheva A.A. Tecnologias de poupança de recursos na produção de fosfato de alimentação desfluorado // Jovem Cientista. - 2015. - № 23.1 (103.1). - C. 16-19.

56. Filenko I.A. Decomposição ácida de fosforitos naturais com obtenção de várias formas de fertilizantes complexos. Diss. ...k.t.n. Moscovo, 2019. 141 c.

57. Melikulova G.E. Desenvolvimento da tecnologia de fosfatos de amónio e cálcio para forragens a partir de fosforitos do Kyzylkum Central. Diss. ....d.f. (RhD) por t.n. Tashkent-2018. 107 c.

58. Olifson A.L., Makhov S.V. Investigação no domínio da transformação complexa de matérias-primas fosfatadas. Análise comparativa dos trabalhos dos pesquisadores para 1970-2012. M.: 2015. - 426 c.

59. Melikulova G.E., Erkaev A.U., Toirov Z.K., Mirisaeva D.A. Propriedades físico-químicas das polpas formadas durante a produção de ração pritzipitat conversão de monofosfato de amónio por nitrato de cálcio // Química e Tecnologia Química. -Toshkent, 2012. - № 4. - C. 2-5.

60. Patente nº IAP 05054 (UZ). C05B3/00. Método de preparação do precipitado alimentar. Kh.Ch.Mirzakulov, I.I.Usmanov, B.B.Sadykov, N.V.Volynskova, G.E.Melikulova, Sh.I.Umarov. Publicado. 2015. Boletim. no. 7.

61. Alimov U.K., Namazov Sh.S., Reimov A.M., Kaymakova D.A. Método de circulação de fluxo de produção de superfosfato duplo com base em rocha fosfática do Kyzylkum Central // Indústria Química. - São Petersburgo, 2015. - т. 92. № 3. - С. 109-118.

62. Alimov U.K., Rasulov A.A., Namazov Sh.S., Kaymakova D.A. Utilização de massa mineralizada de rocha fosfática de Central Kyzylkum no processo de produção de superfosfato duplo por método cíclico // Indústria Química. - São Petersburgo, 2017. - т. 94. № 1. - С. 1-10.

63. Safranova T.V., Sadilov I.S., Chaikun K.V., Shatalova T.B., Filippov Ya.Yu. Synthesis of monetite from calcium hydroxylamate and calcium monocalcium phosphate monohydrate under conditions of mechanical activation. Jornal de química inorgânica, Moscovo, RF. 2019, Vol. 64, No. 9, - P. 916-922.

64. Ryadchikov V.G. Fundamentals of nutrition and feeding of farm animals. - Krasnodar, RF. 2012. - 328 c.

65. Egorov IA, Andrianova EN, Grigorieva EN Utilização de fosfato desfluorado e fosfato monocálcico em forragens mistas para frangos de carne e galinhas poedeiras. // Avicultura. - №04, 2020. - С. 27-32.

66. Patente da Federação Russa. № 2461517. Método de obtenção de fosfato dicálcico Sharipov T.V., Mustafin A.G. Aplicação 2010154807/05, 30.12.2010, Publ. 20.09.2012. Boletim No. 26.

67. Sultanov B.E., Namazov S.S., Zakirov B.S. Estudo do enriquecimento químico da farinha de fosfato de Central Kyzylkum // Chemical Industry (St. Petersburg). - 2013. - T. 90, №2. - C. 79-86.

68. Sultonov B.S., Namazov Sh.S., Zakirov B.S. Investigação da beneficiação com ácido nítrico de fosforitos de baixo grau do Kyzylkum Central // Journal of Chemical Technology and Metallurgy, 50, 1, 2015, pp. 26-34.

69. Sultanov B.E., Namazov S.S., Zakirov B.S., Beglov B.M. Efeito da concentração da solução de nitrato de cálcio no grau de lavagem dos concentrados de fosfato obtidos durante o enriquecimento químico de fosforitos altamente carbonizados do Kyzylkum Central // Relatórios da Academia de Ciências da República do Uzbequistão. - 2013. №1, - С. 51-54.

70. Olifson A.L., Makhov S.V. Pesquisa no campo do processamento complexo de matérias-primas de fosfato. Moscovo, 2015. 426 c.

71. Rodin V.I., Litusova N.M., Mikhaleva T.K. et al. Investigação do processo de obtenção de fosfatos de cálcio para alimentação animal utilizando métodos de mistura a alta velocidade. // Proceedings of NIUIF, 2004. - C. 185-186.

72. Almukhametov I.A. Development and industrial development of technology of calcium dimonophosphate dissertação de Candidato a Ciências Técnicas, Moscovo, 2000, 159 p.

73. Rodin V.I., Litusova N.M., Levin B.V., Kazakov A.I. Obtenção de fosfato monocálcico granulado para alimentação animal com a utilização de um misturador-granulador turbolopast. // Indústria química atual. No.12, Moscovo, 2004,

74. Patente n.º 2256607 (RU). Método de preparação de fosfato monocálcico. B.V.Levin, N.M.Litusova, V.I.Rodin, A.M.Kershner et al. Publicado em 20.07.2005. Boletim nº 20.

75. Patente n.º 2136637 (RU). Método de obtenção de fosfato de cálcio para alimentação animal e uma linha para a sua produção. // Atazhakhova S.P. Zaidav. 2006128525/13, 04.08.2006, Publ. 27.06.2008. Boletim n.º 18

76. Patente n.º 2255042 (RU). Método de obtenção de fosfato monocálcico. // Brodsky A.A., Rodin V.I., Levin B.V., Litusova N.M., Grishaev I.G., Grinevich V.A., Davydenko V.V. Appl. 2004124216/15, 10.08.2004, Publ. 27.06.2005. Boletim n.º 18

77. Vandysheva A.A., Gafurov M.A. Resource-saving technologies in the production of defluorinated forrage phosphate. Jornal "Jovem cientista". 2015, № 23.1(103.1), - C. 16-17.

78. Myrzakhmetova B.B., Besterikov U.B., Petropovlovsky I.A. Obtenção de fosfato monocálcico a partir de fosforitos de Karatau. www.rusnauka.com/1 1_NPE_2012/Chimia/7_108158.doc.htm.

79. Kiselev V.G., Pochitalkina I.A., Petrolovivsky I.A. Obtenção de fosfato monocálcico a partir de matérias-primas fosfatadas de baixa qualidade. Jornal "Uspekhi chemii i khimicheskoy tekhnologii". Vol. XXIV, 2010, No. 9, - P. 77-80.

80. Myrzakhmetov B.B., Besterekov U.B., Petropavlovskiy I.A. Obtenção de superfosfato duplo a partir de fosforitos Kokdzhon e Koksu por método de fase líquida. Revista Científica Unida. - Moscovo, 2012, No. 2. - C. 60-64.

81. Myrzakhmetov B.B., Besterekov U.B., Petropavlovskiy I.A., Pochitalkina I.A., Kiselev B.G. Kinetic regularities of decomposition of low-grade phosphorites by liquid-phase method under conditions of mother liquor recycling. Indústria química atual. - Moscovo, 2012. № 5, - C. 6-9.

82. Kiselev V.I. Produção de fosfato monocálcico a partir de matérias-primas pobres em fosfato por esquema de circulação. Resumo da dissertação ... candidato a ciências técnicas. - Moscovo, 2013. 16 c.

83. Akhmetova S.O., Moldobekov Sh.M. Technology of processing of low-grade phosphorites Karatau on monocalcium phosphate. Notícias científicas do Cazaquistão. - Shymkent, 1999, No. 2. - C. 11-15.

84. Moldabekov K.T., Zhantasov J.K., Zhanmoldaeva J.M., Balabekov O. Kinetics of decomposition of low-quality phosphorites by phosphoric acid and obtaining double superphosphate by cyclic method. Tecnologias modernas intensivas em conhecimento. 2013, № 11, - C. 107-112.

85. Alimov U.K., Rasulov A.A., Namazov Sh.S., Reimov A.M., Kaimanova D.K. Modo ótimo de processamento de rocha fosfática de Central Kyzylkum com ácido fosfórico de extração embalado. Universum: Ciências Técnicas: revista científica eletrónica. 2016. № 8 (29). URL: http://7universum.com/ru/tech/archive/item/3572.

86. Alimov U.K. Desenvolvimento de tecnologia de poupança de recursos de fertilizantes altamente concentrados contendo fósforo com base em fosforitos de Kyzylkum Central, Dissertação. ... doutoramento em ciências técnicas. Tashkent, 2019. 229 c.

87. Kiselev V.G., Ryashko A.I., Pochitalkina I.A., Petropavlovskiy I.A. Features of acid processing of phosphate raw materials of Polpinskoye deposit. Jornal "Uspekhi chemii i khimicheskoy tekhnologii". Vol. XXУ, 2011, № 8 (24). - C. 65-69.

88. Petropavlovskiy I.A., Pochitalkina I.A., Kiselev V.G., Ahnazarova S.L., Myrzakhmetova B.B. Obtaining monocalcium phosphate from poor phosphate raw materials by liquid-phase circulation method. Jornal de Tecnologia Química. 2012, № 8, - C. 453-456.

89. Kochetkov N.V. Reference book on phosphorus-containing fertilisers. - Moscovo: Khimiya. 1982. - 400 c.

90. Zaitsev I.D., Aseev G.G. Reference book on physico-chemical properties of binary and multicomponent solutions of inorganic substances. - Moscovo: Khimiya. 1988. - 416 c.

91. Jančaitienė K. Tecnologia sustentável de produção de dihidrogenofosfato de potássio e recuperação de resíduos líquidos // Resumo da Dissertação de Doutoramento Ciências Tecnológicas, Engenharia Química (05T). Kaunas, Alemanha. 2017, 36 p.

92. Sotiboldiev B.S., Khoshimkhanova M.A., Dehkanov Z.K., Aripov H.S. Tecnologia para a obtenção de novos fertilizantes fosfatados complexos // Universum: Química e Biologia: revista científica eletrónica. 2020. № 6(72). URL: http://7universum.com/ru/nature/archive/item/9375.

93. Dormeshkin O.B., Vorobyev N.I., Shatalo V.I. Processo tecnológico sem resíduos para a produção de fertilizante complexo solúvel em água sem cloro à base de fosfato de potássio. // Tecnologia Química, Minsk, Bielorrússia, 2014. - T.15. № 6. - C. 324-332.

94. Knunyants I.L. Chemical Encyclopaedia. - M.: Bolshaya Ross. Enciclopédia. 1992. - T.III. - C. 366-367.

95. Khuzhamberdiev Sh.M., Arifjanova K.S., Mirzakulov H.Ch. Estudo do processo de obtenção de soluções e sais de sódio adequados para a produção de polifosfatos // Journal of Chemistry and Chemical Technology. - Tashkent, 2018. - № 3. - C. 18-21.

96. Mazunin S.A., Chechulin V.L., Frolova S.A., Kistanova N.S. Tecnologia de obtenção de dihidrofosfato de potássio no sistema com salga // Indústria Química. RF. 2010. №1. - C. 6-15.

97. Patente n.º 2164494. Método de obtenção de fosfato monokaliy / P.N. Novikov, K.N. Ovchinnikova, R.I. Umansky. - No. 2000109523/12; Appl. 18.04.2000; Publicado em 27.03.2001 // Invenções. Modelos úteis. 2001. № 8.

98. Kochetkov S.P., Smirnov N.N., Ilyin A.P. Concentração e purificação do ácido fosfórico de extração. Ivanovo, 2007, 304 p.

99. Galtzov A.V., Zhelyaletdinova R.A. Cálculo da pressão do vapor de água sobre o ácido superfosfórico // Mineral fertilizers and sulphuric acid. - M.: NIITEKHIM, 1982. -Vyp. 2. - C. 15-17.

100. Patente nº 2608017 da Federação Russa. Método de obtenção de fertilizantes solúveis de potássio sem cloro / Khamizov R.H., Vlasovkikh N.S., Egorov V.G., Moroshkina L.P., Petukhov M.A., Smirnov A.A., Khamizov S.H. // Zayavl. 14.07.2015. № 2015128269. Publicado em 11.01.2017. Boletim No. 2.

101. Mazunin S.A., Chechulin V.L., Frolova S.I., Kistanova N.S. Tecnologia de obtenção de di-hidrofosfato de potássio no sistema com

salga // Russian Journal of Applied Chemistry. 2010. Vol. 82. No. 3 (março), pp. 553-561.

102. Mazunin S.A., Chechulin V.L.. Aspectos Aplicados da Utilização de Aminas para a Produção de Sais Inorgânicos em Sistemas com Salting-out // Russian Journal of Applied Chemistry. 2010. Vol. 83. No. 9, pp. 1690-1697.

103. Mazunin S.A., Chechulin V.L. Desalination as a physical and chemical basis for low-waste methods of potassium and ammonium phosphates production. Monografia / Perm, 2012. - 114 c.

104. Patente n.º 2712689 Federação Russa. Método para obter di-hidrofosfato de potássio de alta pureza // Komendo I.Yu., Zharova A.A. Aplicação: 2018142161, 29.11.2018 Opub. 30.01.2020 Boletim nº 4.

105. Patente n.º 2261222 (RU). Método de obtenção de fosfato monokaliy / Bogach E.V., Levin B.V., Rakcheeva L.V., Ovchinnikova K.N., Kremenetskaya E.V. Appl. 10.08.2004, Opubl. 27.09.2005.

106. $_{24}$CN 102963874 A China Método para a produção de di-hidrogenofosfato de potássio (KH PO) de grau industrial por via húmida, ácido fosfórico purificado e sulfato de potássio. 2013.03.13

107. Patente n.º 10538 BY. Método de obtenção de fosfato monokaliy // Shablovskiy V.O., Tuchkovskaya A.V., Pap O.G., Chernevich N.P., Baltrushevich A.G., Surtaev A.F., Starovoitov S.M. Zaidav. 20041103, 2004.11.29. Publicado. 2006.06.30.

108. Dormeshkin O.B., Novik D.M., Shatilo V.I. Tecnologia universal para a obtenção de fertilizantes complexos solúveis em água sem cloro com base em produtos técnicos // Vestnik PNIPU, Minsk, Bielorrússia, 2018, № 4, - P. 163-173.

109. Vorobyev N.I., Dormeshkin O.B., Shatilo V.I. Obtenção de fertilizantes NPK solúveis em água sem cloro pelo método de conversão // Vesci National Academy of Sciences of Belarus. Ser. chem. nauk. - 2004. - № 1. - C. 96-101.

110. Patente n.º 2747639 Federação Russa. Método de obtenção de fosfato monokaliy // Olifson A.L., Kapustinsky N.N. Aplicação: 2020121330, 26.06.2020, Opub. 11.05.2021 Bul. no. 14

111. Patente nº 2103348 Federação Russa. Método de obtenção de solução de fosfato de amónio e potássio // Stepchenko A.G., Sorokin G.V. Aplicação: 94038480, 10.10.1994, Publicado. 27.01.1998.

112. Patente n.º 2633569 Federação Russa. Método contínuo de produção de fertilizante granular neutro de fósforo e potássio // Aviv T.,

Cohen U.S., Orgil D., Aroh I. Aplicação: 2014152889, 27.06.2013, Opub. 13.10.2017. Boletim No. 29.

113. Arifjanova K.S., Khuzhamkulov S.Z., Normurodov B.A., Shamaev B.E., Mirzakulov H.Ch. Dessulfurização da extração de ácido fosfórico de fosforitos do Kyzylkum Central por matéria-prima de fosfato não enriquecido // Journal "Chemical Technology. Controlo e gestão" - Tashkent, 2016. No. 4. - C. 27-33.

114. Arifjanova K.S., Mirzakulov H.Ch., Melikulova G.E., Khuzhamkulov S.Z., Usmanov I.I. Estudo do processo de dessulfuração de ácido fosfórico extrativo a partir de fosforitos do Kyzylkum Central // Journal of Chemical Industry - São Petersburgo, Rússia. 2017. № 5. - C. 18-25.

115. Hodjamkulov S.Z., Mirzakulov H.Ch., Melikulova G.E., Usmanov I.I. Estudo do processo de decofluoração de ácido fosfórico extrativo a partir de fosforitos de Kyzylkum Central // Jornal "Química e Tecnologia Química" - Tashkent, 2020. № 2. - C. 37-39.

116. Khodjamkulov S.Z., Melikulova G.E., Khujamberdiev Sh.M., Mirzakulov Kh.Ch. Investigação do processo de decomposição de ácido fosfórico extrativo por carbonato de sódio na presença de silicato de sódio // International Journal of Advanced Research in Science, Engineering and Technology // Vol. 7, Issue 9, September 2020 [ISSN: 2350-0328]. pp. 14912-14916.

117. Khodjamkulov S.Z., Khujamberdiev Sh.M., Melikulova G.E., Mirzakulov Kh.Ch., Shaymardanova M.A. Separação de fases formadas durante o processo de desfluorização da extração de ácido fosfórico com fosfatos de sódio // International Journal of Advanced Research in Science, Engineering and Technology // Vol. 7, Issue 10, October 2020 [ISSN: 2350-0328]. pp. 15192-15196.

118. GOST 20851.2-75. Fertilizantes minerais. Métodos de determinação de fosfatos. - M.: IPK Izd-vo standards. 1997. - 37 c.

119. GOST 20851.3-93. Adubos minerais. Métodos de determinação da fração mássica de potássio. - Moscovo: IPK Publishing House of Standards, 1995. - 41 c.

120. Burriel-Marty F., Ramírez-Muñoz X. Fotometria de chama. M., "Mir", 1972, 520 p.

121. GOST 13686-84. Sal de mesa. Métodos de ensaio. - M.: IPK Publishing House of Standards, 1984. - C. 8-10.

122. GOST 24596.4-81. Fosfatos para alimentação animal. Métodos de determinação do cálcio. - M.: IPK Izd-wo standards. 2004. - 3 c.

123. GOST 24024.12-81. Fósforo e compostos inorgânicos de fósforo. Métodos de determinação de sulfatos. - M.: Izd-wo standards. 1981. - 4 c.

124. GOST 22275-90. Concentrado de apatite. Condições técnicas. - M.: Normas Izd-wo. 1991. - 18 c.

125. GOST 24596.7-81. Fosfatos para alimentação animal. Métodos de determinação do flúor. - M.: IPK Izd-wo Standards. 2004. - 5 c.

126. GOST 20851.4-75 Fertilizantes minerais. Métodos de determinação da água. - M.: IPK Izd-construção de normas. 2000. - 5 c.

127. GOST 18995.1-73. Produtos químicos líquidos. Métodos de determinação da densidade. - M.: IPK Izd-wo standards. 2004. - 4 c.

128. GOST 10028-81. Viscosímetros capilares de vidro. - M.: IPK Izd-construção de normas. 2005. - 13 c.

129. GOST 24596.5-81. Fosfatos para alimentação animal. Método de determinação do pH de uma solução ou suspensão. - M.: IPK Izd-vo standards. 2004. - 2 c.

130. Handbook of X-ray spectrometry. / Van Grieken R.E., Markowicz A.A. - Nova Iorque: Marcel Dekker Inc. - 1993. 1993. - 984 p.

131. Zschornack G. Handbook of X-ray data. - Berlim, Heidelberg: Springer- Verlag. 2007. - 969 p.

132. Downs R.T., Hall-Wallace M. The American Mineralogist crystal structure database // American Mineralogist. 2003. - Vol. 88. - pp. 247-250.

Printed by Books on Demand GmbH, Norderstedt / Germany